U0189456

中国国家公园

中国给世界的礼物

洋洋兔 编绘

科学普及出版社

·北京·

序

　　高原腹地，大河奔涌，三江之源的万千水系，孕育了中华民族古老而悠久的历史文明；崇山峻岭，茂林深篁，鲜嫩的竹笋在优质的生态环境下欣欣向荣，让憨态可掬的大熊猫不再为觅食担忧；雪霁晴空，林海莽莽，天地空一体化监测系统的布设和国际生态廊道的建立，安全庇护着曾一度濒临灭绝的野生东北虎……从南到北，从东到西，在中国这片古老的神州大地上，分布着气势磅礴的锦绣山河，孕育着数不胜数的灿烂文明，上演着无比绚烂的生命奇迹。亲爱的小朋友们，你或许在电视上见过这些山川河流、动物植物，但你知道它们背后那些有趣的生态知识和历史故事吗？如果你对此兴趣盎然，那么，我想请你先记住一个神奇的名字——中国国家公园。

　　地球是全人类赖以生存的唯一家园，维护良好的生态环境是全人类的共同责任。2021年10月12日，中国正式设立了第一批国家公园（三江源、大熊猫、东北虎豹、海南热带雨林、武夷山），这些区域凝聚了百万河山最精华的部分，保存着最原真、最完整的生态系统。走进中国国家公园，你可以了解到丰富的生态科普知识和人文历史知识。我们在享有"中华水塔"美誉的三江源国家公园里，可以学到高原的水系循环知识；在朱子理学的发祥地武夷山国家公园里，一品深厚的武夷山茶文化；还可以到海南最主要的生态屏障海南热带雨林国家公园里，看看海南长臂猿宝宝是怎样快乐成长的！

　　中国国家公园是国家的自然瑰宝，是中国送给世界的珍贵礼物、为世界贡献国家公园建设的"中国方案"，更是世界生物多样性画卷上浓墨重彩的一笔。而《中国国家公园：中国给世界的礼物》则是我们生态环境的守护者献给小朋友们的礼物，精美的手绘画卷、有趣的科普知识，为你们开启了一扇探索中国国家公园的大门，快快跟随书中两位小主角阿朵朵和灿烂的步伐，一起乘上这艘了解中国生物多样性保护的航船，从三江源国家公园开始，展开这段美妙的中国国家公园探险之旅吧！

張希武

生物多样性是什么？
假如你不知道，
那么，物种灭绝呢？

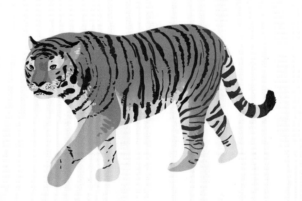

地球上目前已知的物种多达170万种，但实际存在的物种可能是已知物种数目的好几倍。理论上来说，如此庞大的物种基数，加之持续地繁衍与进化，地球上的生物数量与种类将会越变越多。可事实却是每年都有上千种野生动植物被划入濒危、极危的行列，或是被宣布灭绝，永远地在地球上消失了。

　　古生物学家把白垩纪末期发生的恐龙与其他物种灭绝看成是一次群体灭绝事件，像这样的事件在地球上发生过不止一次，原因或是陨石撞击地球，或是海平面和气候的变化。但是，这和地球当下所面临的物种灭绝原因有很大不同……

人类与动物、植物一样，
都是生物，
同享一个地球，
同是地球生物多样性的一部分。

目前地球上的物种群体灭绝事件，主要是由于人类活动所造成的。人口增长与人类活动会造成生境（生物的个体、种群或群落生活地域的环境，包括必需的生存条件和其他对生物起作用的生态因素）的破坏；人类或有意或无意地将一些物种带出它们的自然分布区，这些外来物种会破坏被引进地区的生态平衡，导致当地物种灭绝；人类过度开发利用野生生物资源，甚至超过了这些生物种群的自然恢复能力……

　　要知道，一个小小种群的消失，都会让这个物种丧失一部分遗传多样性，从而降低这个物种的适应能力，加速整个物种走向灭绝。而一个物种的消失，又会影响与之相互关联的其他物种，导致物种多样性，乃至生态系统多样性的下降。遗传、物种、生态系统的多样性，便是生物多样性的三个层次。

　　人类也是构成生物多样性的一部分，保护生物多样性就是保护人类自己。而在这份刻不容缓的责任面前，我们的祖国——中国的绿色发展之路正走在世界的前列。

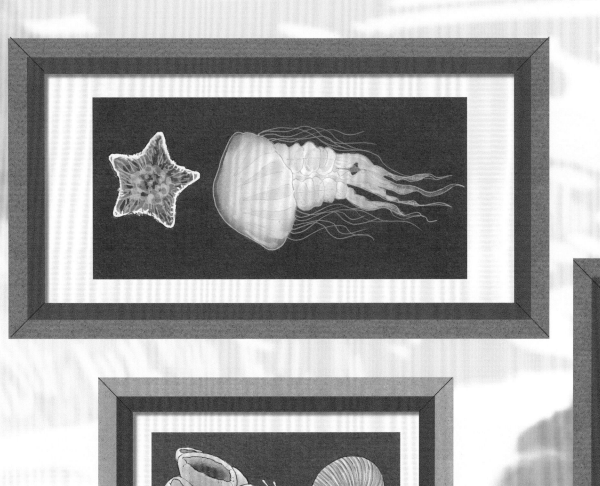

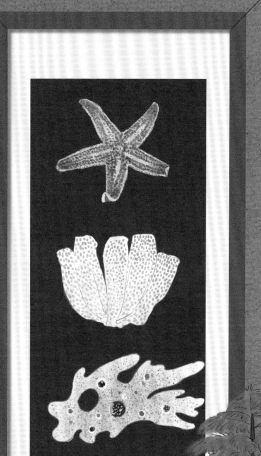

绚烂的生命，

应该由人类自己守护。

人类活动使地球上的物种无时无刻不面临着严峻的生存考验，对于保护生物多样性来说，最有效的方法还是保护生物的生境和保护整个生态系统。

　　中国地域辽阔，山川、河流、密林、沙漠、海洋……数不胜数的自然生境孕育着丰富的自然资源，为了保护这些重要、有代表性的自然资源，中国设立了众多自然保护地。国家公园是自然保护地的一种类型，是由国家管理的，以保护国有土地上的珍贵特有自然资源、壮丽美景和文化为目的的能代表国家形象的公共财产。2017年10月，中国共产党第十九次全国代表大会提出："构建国土空间开发保护制度，完善主体功能区配套政策，建立以国家公园为主体的自然保护地体系"，标志着中国的自然保护地体系将由现在的以自然保护区为主体转向以国家公园为主体的建设阶段，将建立起更加和谐的人与自然关系、更为健全的保护与管理体制机制，促进更加广泛的全民参与和全民共享，使国家公园成为美丽中国建设的稳固基石。中国实行国家公园体制，目的是保持自然生态系统的原真性和完整性，保护生物多样性，保护生态安全屏障，给子孙后代留下珍贵的自然资产。

我们的国家公园
中国给世界的礼物

目录

2016年起，中国陆续开展了三江源、大熊猫、东北虎豹、祁连山、海南热带雨林、武夷山、神农架、普达措、钱江源、南山10个国家公园体制试点，后于2021年10月12日正式宣布设立第一批国家公园，包括三江源国家公园、大熊猫国家公园、东北虎豹国家公园、海南热带雨林国家公园及武夷山国家公园。本书所述内容涵盖国家正式公布的5个国家公园，以及公布前另外5个国家公园试点。其中，各个国家公园及国家公园试点的总面积等数据，为截至本书出版前，相关机构公布或提供的最新数据。后续如有数据更新，本书将同步进行改版，以保证数据、资料的准确性。

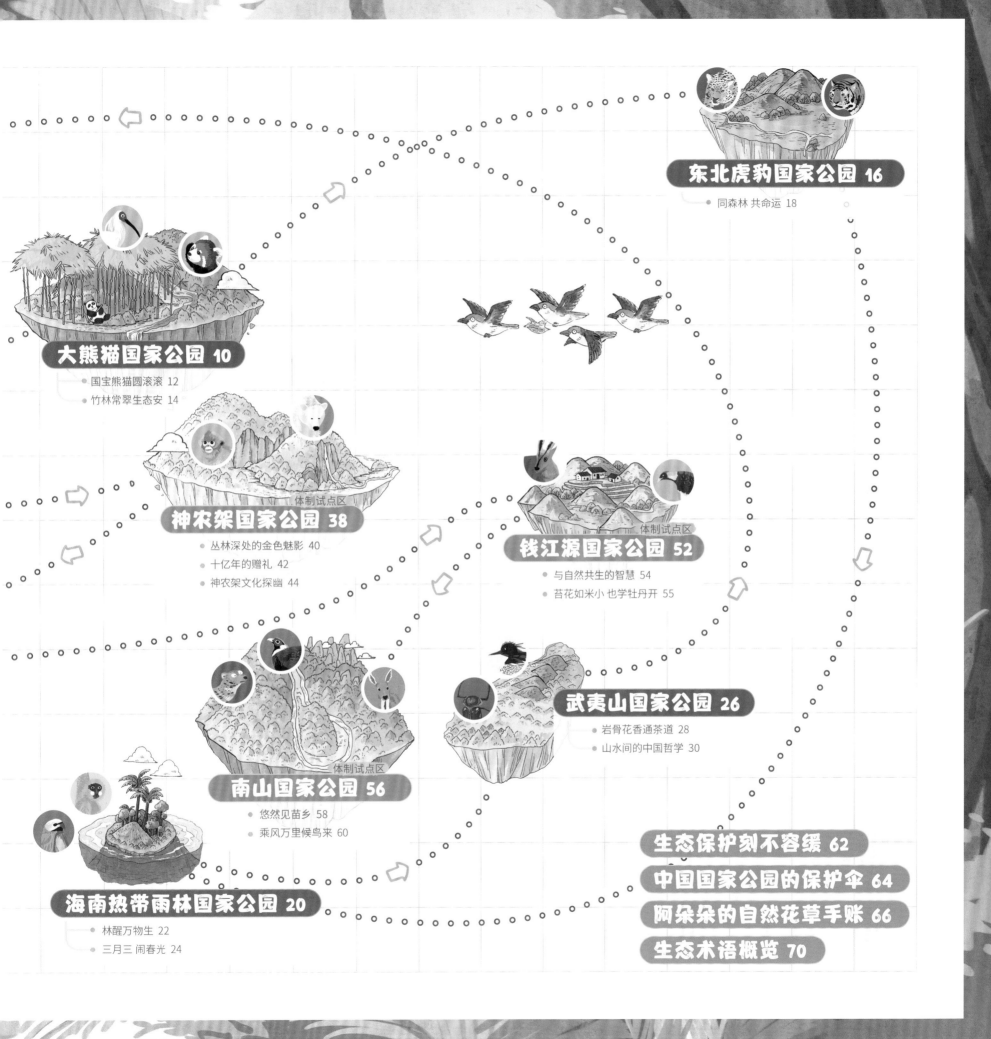

就这样，阿朵朵与灿烂的**中国国家公园探险之旅**拉开了帷幕。他们在旅途中将会有怎样的奇遇？又将学到哪些有趣的自然生态知识呢？让我们拭目以待吧！

三江源国家公园

三江源国家公园约19.07万平方千米，长江、黄河、澜沧江的源头都在这里。这里保持着大面积的原始自然生态、百兽自在竞蹄、百鸟自由翱翔、千湖静卧、人与自然和谐共生。

藏羚羊
主要分布于中国青藏高原，被称为"可可西里的骄傲"

野牦牛
青藏高原特有牛种，家牦牛的野生同类

岩羊
非常善于攀登悬崖峭壁

长 江 源 园 区

你猜我是虫还是草？

冬虫夏草
中国特有的中药材，实际上是真菌与蝙蝠蛾幼虫形成复合体

藏棕熊
棕熊最稀有的亚种之一

澜 沧 江

白马鸡
中国特有鸟类

嗯？我好像闻到了危险的味道……

雪豹
生活在高原地区的大型猫科动物，被称为"雪山之王"

白唇鹿
白唇鹿的嗅觉和听觉都非常灵敏

大果圆柏
中国特有树种

三江之水天上来

在遥远的青藏高原腹地，有一座人迹罕至的"人间仙境"——三江源。三条气势恢宏、汹涌澎湃的江河在此发源，共同谱写出一曲颂扬中华文明生命之源与文明之源的绝美赞歌。

三江之源

三江源即长江、黄河、澜沧江这三大江河的源头。独特的高海拔自然环境，令三江源孕育了高原湖泊、高寒沼泽湿地等丰富的水资源种类，为三大江河提供了重要的水源补给，每年向中下游供水近600亿立方米，是中国及中南半岛10多亿人的生命之源，素有"中华水塔"之称。

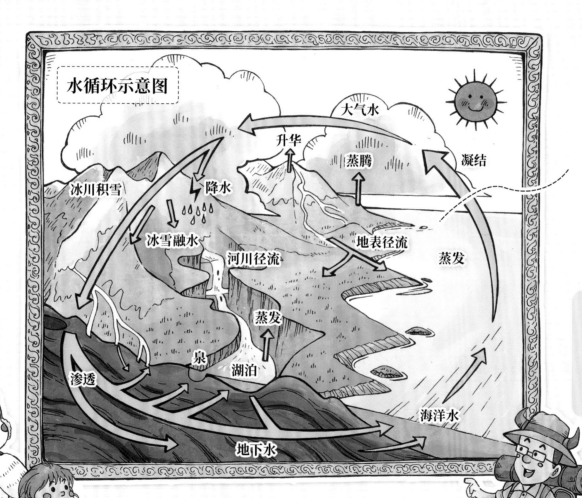

水循环示意图

大气水 升华 蒸腾 凝结 冰川积雪 降水 冰雪融水 河川径流 地表径流 蒸发 蒸发 泉 湖泊 渗透 海洋水 地下水

每年春夏之交，三江源地区会迎来丰沛的降水，它们有的汇入江河，有的融入冰川，有的渗透到地底成为地下水。在这里，没有一滴水是多余的，它们都以不同的水资源形式，为这片高原成为江河源头创造着条件

没错，阿朵朵说的热空气指的就是暖湿气流。春夏之交，印度洋季风形成的暖湿气流，与中东高压的偏西气流在青藏高原汇聚，在高海拔地形的影响下，就形成了丰沛的降雨。

高原上竟然会下这么多雨呀！

我知道！高原很冷，如果有热空气上升，遇到高原上空的冷空气，就会凝结成小水珠，形成降雨！

生态系统筑屏障

独特的地理和气候条件，造就了三江源丰富的生态系统。森林、草地、高寒荒漠、湿地在这里更迭出现，为青藏高原筑起重要的生态屏障。

湿地生态系统

三江源的冰雪融水量很充足，地下冻土又限制了水分下渗，所以这里的地表水十分丰富，形成了世界上海拔最高、面积最大、分布最集中的湿地生态系统。

在三江源的湿地生态系统中，松软的草甸是不可或缺的一环，它就像海绵一样，把零散的冰雪融水"集合"起来，汇入地下径流，最终流入江河，有效地预防了大量融水迅速灌入江河。

森林生态系统

在三江源，森林所占的面积很小，却拥有不可替代的作用。

一人多高的灌木林是很多小型动物喜爱的藏身之所

林地中的大部分植物为青藏高原特有种，发挥着水源涵养、水土保持、吸收二氧化碳等重要的生态功能

草地生态系统

草地生态系统是三江源最主要的生态类型。

高原上生长的牧草让这里的食草动物有了稳定的食物来源

草地能防风固沙，净化空气

为了降低交通线对野生动物迁徙、繁衍的影响，青藏铁路在修建时，设计了可供野生动物通过的生物廊道

高寒荒漠生态系统

三江源境内的可可西里就属于"天生"的高寒荒漠生态系统，这里自然环境严酷，人类鲜少涉足，却为藏羚羊、藏野驴等高原野生动物创造了得天独厚的生存条件。

人为原因导致的荒漠化需要人为干预治理，但像可可西里这样"天生"的高寒荒漠生态系统，我们需要做的是保护，避免因为多余的绿化，影响原本依赖高寒荒漠生存的动植物。

高原上的精灵

无人区的动物

在三江源国家公园境内，有一片无人居住的辽阔荒漠——可可西里。这里自然环境恶劣，鲜有人踏足，但正因如此，可可西里成了野生动植物的乐园。

千里迁徙的藏羚羊

每年4—6月，雌藏羚羊在产崽前，都会从栖息地迁徙到青藏高原的西北部生产，一段时间后，会再返回栖息地。

为什么藏羚羊妈妈要迁徙产崽呢？

这还是个未解之谜，有些科学家猜测是为了躲避天敌，降低幼崽被捕食的风险。

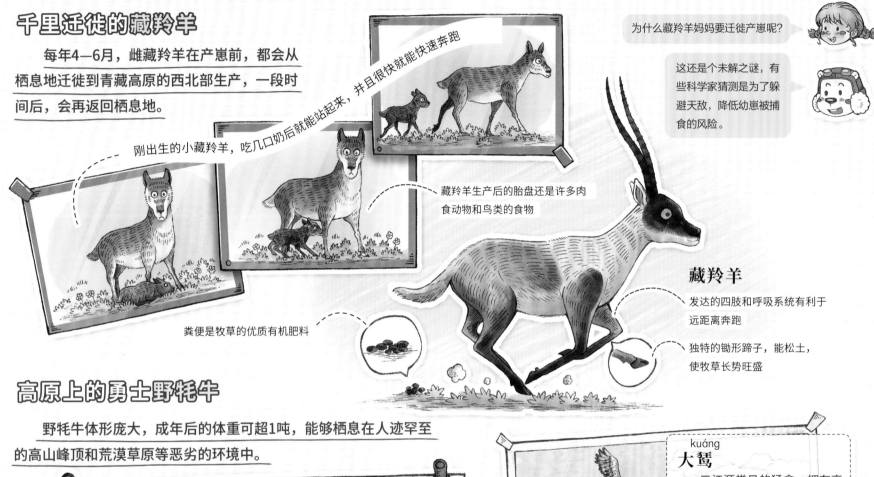

刚出生的小藏羚羊，吃几口奶后就能站起来，并且很快就能快速奔跑

藏羚羊生产后的胎盘还是许多肉食动物和鸟类的食物

粪便是牧草的优质有机肥料

藏羚羊

发达的四肢和呼吸系统有利于远距离奔跑

独特的锄形蹄子，能松土，使牧草长势旺盛

高原上的勇士野牦牛

野牦牛体形庞大，成年后的体重可超1吨，能够栖息在人迹罕至的高山峰顶和荒漠草原等恶劣的环境中。

长达40厘米的毛如同斗篷，可以遮风避雨、保暖御寒

野牦牛

双角斜向外伸出，堪称防御与进攻兼具的杀手锏

又圆又粗的蹄子上，长有小而尖的趾甲，能像锥子一样固定住身体。脚掌长有柔软的角质，利于减缓身体下滑的速度和冲力

大鵟 kuáng

三江源常见的猛禽，拥有高超的飞行技术，捕蛇技术一绝。

雪豹

高山食物链中的顶级猎手，能在陡峭的悬崖上伏击、捕食。

到了繁殖期，野牦牛会组成"一夫多妻"制的小家庭，一旦遭遇猛兽的袭击，它们就会自动围成一圈，犄角向外，将小牦牛保护在其中。

各显神通的植物

想在空气稀薄、冰天雪地的高原上生存，植物也各自施展着奇妙的高招。

高原植物的生存智慧

沙棘

体态矮小的植物更利于维持自身温度，身高可达十几米的沙棘在这里"缩水"成了几厘米。

红柳

红柳的根须可以深入地下约30米，只为能在干旱的地区找水"喝"。

多刺绿绒蒿

有些植物把叶子退化成小刺，能有效减少水分流失，还能令食草动物望而却步。

高原上的紫外线格外酷烈，更会抑制植物的生长，有些植物便产生了可以吸收紫外线的花青素，它们的花朵常会呈现出红、蓝、紫三种颜色。

药用植物种类多

三江源地区还是我国药材资源的宝库呢！这里的高原药材在严峻的环境中生长，有着更加优良的药用价值。不过，很多野生植物都是国家重点保护野生植物，不可以私自采摘哦。

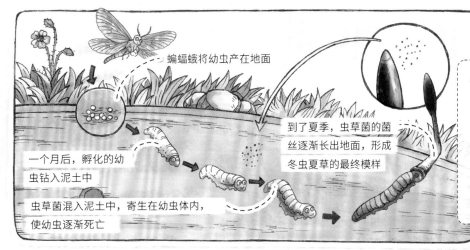

蝙蝠蛾将幼虫产在地面

一个月后，孵化的幼虫钻入泥土中

虫草菌混入泥土中，寄生在幼虫体内，使幼虫逐渐死亡

到了夏季，虫草菌的菌丝逐渐长出地面，形成冬虫夏草的最终模样

冬虫夏草

三江源的高海拔地带非常适合冬虫夏草的生长。每年一到6月，就可以看到很多结伴而行的小朋友上山挖虫草。他们可没有偷懒不上学！在青藏地区，中小学生们有个专门的假期就是"虫草假"呢！

除了冬虫夏草，三江源地区还生长着许多千百年来广泛使用的传统草药。

大黄

贝母

红景天

羌活

大熊猫国家公园

大熊猫国家公园跨四川、陕西、甘肃三省，整合各类自然保护地69个，总面积约2.2万平方千米。大熊猫国家公园的设立，不仅使分散在不同栖息地的大熊猫种群得以交流，还庇护着园区内上千种野生动植物，是全球生物多样性热点保护区之一。

松雀鹰
小型猛禽

箭竹
大熊猫的主要食物来源

> 吃得好饱，有点犯困……

羚牛
大型牛科食草动物

大熊猫
中国特有物种，被誉为"国宝"

东方角鸮

xiāo

东方角鸮在情绪激动或受到威胁时，会竖起它们的"耳羽"，看起来像是一对小角

红腹锦鸡

中国特有的鸟种，雄鸟羽毛华丽，雌鸟则较为灰暗

川金丝猴

国家一级重点保护动物。厚厚的金色皮毛有助于川金丝猴适应寒冷潮湿的高山森林环境

胡兀鹫

喜食腐肉，嘴钩非常有力，能啄碎大块的骨头

小熊猫

小型树栖哺乳动物，和大熊猫一样喜食箭竹

三尾褐凤蝶

中国特有蝶类

中华虎凤蝶

中国特有蝶类，中国昆虫学会蝴蝶分会的会徽便以它为原型而设计

国宝熊猫圆滚滚

20世纪，人类大规模的伐木和猖獗的偷猎行为，使大熊猫栖息地遭到了严重的破坏，野生大熊猫数量岌岌可危，一度被列为世界濒危物种。灭绝的警钟已经敲响，保护工作刻不容缓！

大熊猫的保护

截至2021年3月，中国的野生大熊猫数量近1900只，它们中的很多成员，都是被保护工作者成功救助或人工繁育，随后野放回归山林的。大熊猫的保护等级也因此从濒危降到了易危，种群数量实现了恢复性增长。种种成果背后，离不开保护工作者的巨大付出与努力。

为了让熊猫吃好睡好，工作人员每天至少要准备40千克的食物，清理熊猫排出的十多千克粪便。此外还需要具备超强的意志力，以此抵抗"圆滚滚"的撒娇行为。

陪我玩！

意志力有了，接下来是演技！工作人员会定期去野外为大熊猫体检，记录健康状况。为了确保不让敏感的大熊猫受到惊吓，舍弃熟悉的栖息地，工作人员会穿上熊猫服，并在上面涂抹大熊猫的粪便，以此遮盖人类的气味。

新来的，你长得好像有点不对劲儿……

演完大熊猫还要演"小偷"。通常，大熊猫妈妈在野外只有能力抚养一只大熊猫宝宝，当一胎产下两个宝宝时，就会为了保全一只而放弃另一只。而在繁育中心，工作人员会趁机"偷"走大熊猫妈怀里的那只宝宝，并迅速把另一只宝宝替换上去，让它们都能得到妈妈的照顾，健康成长。

妈妈，你猜我是大宝还是二宝？

刚出生的熊猫宝宝皮肤是粉红色的，身上只有稀疏的白毛，体重仅有成年熊猫的千分之一

然而，生活起居上的问题都容易解决，最让人伤透脑筋的，还是关系到大熊猫种群繁衍的"人生大事"。

不想结婚

不想生娃

大熊猫自身的繁育能力非常低，种群数量一旦减少，恢复速度将极其缓慢，这也是导致它们曾经成为濒危物种的原因之一

情路坎坷的熊猫"姬姬"辗转数国，多次安排相亲无果，一生都没有繁育后代

大熊猫"宝宝"还对相亲对象大打出手，到了晚年仍形单影只

大熊猫的一天

我们的"圆滚滚"可不是因为好吃懒做才不停地吃和睡噢！

研究人员为此不断探索与尝试，在经历了无数次的失败后，终于令中国的大熊猫繁育研究逐渐走向成熟。以成都大熊猫繁育研究基地为例，1987年时，基地仅有6只珍贵的大熊猫，而今已成功繁育出了200多只健康的大熊猫。

☀ 06:00
起床，开饭！

香甜脆嫩的竹子是大熊猫赖以生存的主粮，它们每天几乎要花一大半时间啃竹子。

☀ 09:00
才吃了3个小时，不够！

☀ 12:00
我好像梦见自己拥有了一座竹笋山……

除了吃东西，剩下的时间大熊猫几乎都在睡觉。

☀ 15:00
一个大竹笋、两个大竹笋、三个……

大熊猫的消化系统不好，竹子中能被大熊猫吸收的营养和水分非常少，只有不停地吃才能保证身体正常的新陈代谢，而不停地睡能减少能量消耗。

☀/☾ 18:00
唉……想吃竹笋……

大熊猫屁屁（bǎ ba）是"香"的喔！由于竹子几乎没有充分消化就被排出，所以屁屁不但不臭，还有一股淡淡的竹子清香。

☾ 21:00

晚安啦，美味的竹子。

皮毛很厚，毛色黑白相间

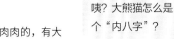

脸颊肉肉的，有大大的"黑眼圈"

行走速度较慢，脚步呈"内八字"

大熊猫很爱喝水，它们的栖息地一般都在水源附近

咦？大熊猫怎么是个"内八字"？

大熊猫后腿短前腿长，体重又高，这样走路能让身体重心前移，减少体重对后腿的压力。

在我国秦岭，还发现过一种极为稀有的棕色大熊猫，至今为止，它们也仅仅在秦岭地区被发现过。科研人员对于它们棕白相间的毛色成因，曾有过多种推测，但都没能得出可靠的结论，现在仍然是未解之谜。

竹 林 常 翠 生 态 安

大熊猫国家公园的气候温暖湿润，肥沃的土壤为竹类和其他野生植物提供了优质的自然生长环境。这里竹林面积广袤，竹子种类繁多，可谓是大熊猫的"美食天堂"了！

竹子开花并不"美"

竹子是大熊猫生命中不可或缺的主粮，所以消耗量极大，但好在竹类的繁殖与生长速度很快，无论竹茎、竹叶还是竹笋，都能在一年四季之中为大熊猫提供食物。不过，这看似完美的背后，却潜藏着一颗不知何时会引爆的炸弹——竹子开花。

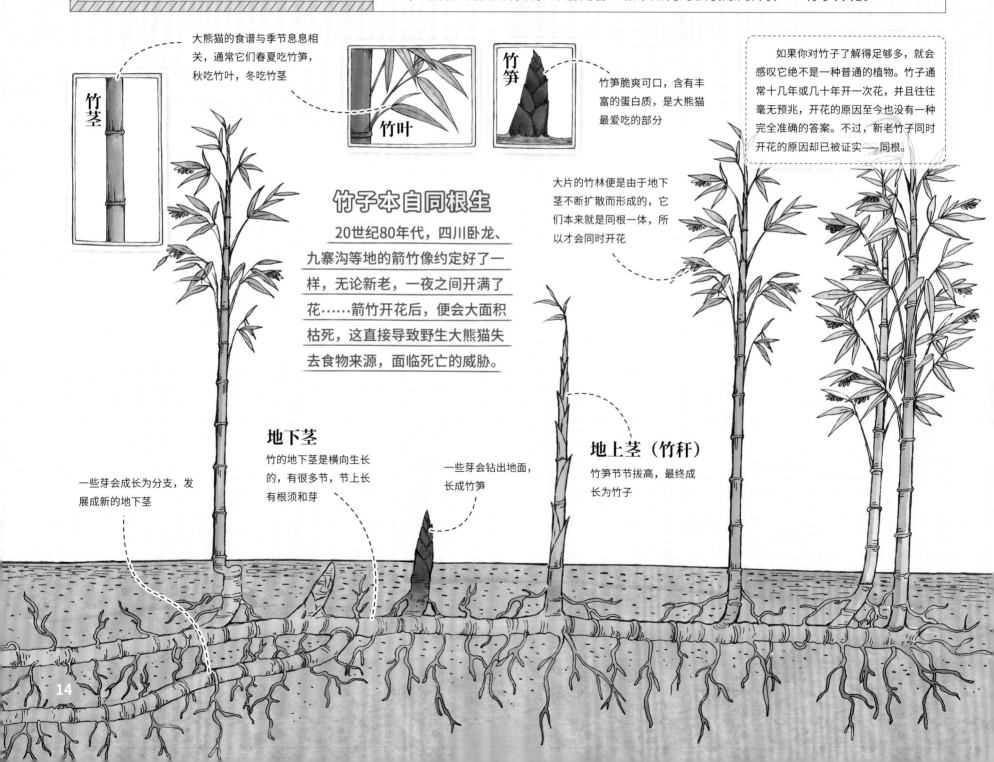

大熊猫的食谱与季节息息相关，通常它们春夏吃竹笋，秋吃竹叶，冬吃竹茎

竹茎

竹叶

竹笋

竹笋脆爽可口，含有丰富的蛋白质，是大熊猫最爱吃的部分

如果你对竹子了解得足够多，就会感叹它绝不是一种普通的植物。竹子通常十几年或几十年开一次花，并且往往毫无预兆，开花的原因至今也没有一种完全准确的答案。不过，新老竹子同时开花的原因却已被证实——同根。

竹子本自同根生

20世纪80年代，四川卧龙、九寨沟等地的箭竹像约定好了一样，无论新老，一夜之间开满了花……箭竹开花后，便会大面积枯死，这直接导致野生大熊猫失去食物来源，面临死亡的威胁。

大片的竹林便是由于地下茎不断扩散而形成的，它们本来就是同根一体，所以才会同时开花

地下茎
竹的地下茎是横向生长的，有很多节，节上长有根须和芽

一些芽会钻出地面，长成竹笋

地上茎（竹秆）
竹笋节节拔高，最终成长为竹子

一些芽会成长为分支，发展成新的地下茎

14

竹子在生长旺盛期时，一天就能约长1米，如果靠近倾听，甚至能听到它生长时拔节的响声

第三天

第二天

第一天

为什么竹子长得那么快？我也想像它一样快点长高。

一般植物的生长组织只在枝条末梢，但竹子是节状生长，每一节都有生长组织。如果一根竹子有15个竹节，那它的生长速度就相当于其他植物的15倍，当然长得快啦！

根据现有研究，大熊猫的祖先是一种肉食性的始熊猫。为了适应当时的恶劣环境，以及减少与其他猎食者的竞争，始熊猫在漫长的进化中逐渐改变了食性。今天我们所认识的大熊猫，虽然还保留着一些肉食动物的特征，但由于长期吃素，很多身体构造都已经发生了改变。

我虽然偶尔也会吃肉，但肉哪里有竹子香呢！

长期以竹类为食，长出了咀嚼肌

为了消化竹子，肠道产生了适应竹子纤维分解的微生物

籽骨

前掌进化出一个像大拇指的籽骨，有助于抓握食物

臼齿 jiù

臼齿变得非常发达，能更有效地咀嚼竹子这样高纤维性的植物

我们也爱吃竹子

中华竹鼠

顾名思义，这是一种爱吃竹子的啮齿类动物。

小熊猫

小熊猫的名字里虽然也有"熊猫"二字，但它们与大熊猫并不是同类。除了竹笋和嫩竹叶之外，小熊猫还喜欢吃水果和鸟蛋。

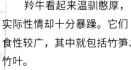

角尖向内，呈扭曲状，别称扭角羚

羚牛

羚牛看起来温驯憨厚，实际性情却十分暴躁。它们食性较广，其中就包括竹笋、竹叶。

成虫头部有一根长长的吸管式口器，用来吸食笋汁

竹象

又名竹直锥大象虫，是一种以竹笋为主食的害虫。它们会将虫卵产在笋尖内，幼虫孵化后就顺势钻到竹笋里不停地啃食，直到准备结蛹，才会从竹笋里出来，钻到地下。

藏酋猴

藏酋猴以多种植物的叶、芽、果、枝及竹笋为食，是中国猕猴属中体形最大的种类。

东北虎豹国家公园

总面积约1.41万平方千米，以中低山、峡谷和丘陵地貌为主，森林面积广阔，是我国东北虎、东北豹种群数量最多、活动最频繁、最重要的定居和繁育区域。

中华秋沙鸭

一种原始的雁形目鸟类，至今已有一千多万年的生存历史，因此有"鸟类中的活化石"之称。中华秋沙鸭的嘴长而窄，呈红色，鼻孔位于嘴峰中部，与其他雁形目鸟类平扁的嘴形不同

东北红豆杉

又名紫杉，第三纪孑遗的珍贵树种，树高可达20米，是重要的药用植物

东北豹

又名远东豹，是豹的一个亚种，喜欢独居生活，白天常在树上或岩洞中休息，夜间活动觅食

天黑了，该起床活动活动筋骨了。

跑，不跑，跑，不跑，跑……

红外相机

好像拍到"夜猫子"了。

红外相机能通过感知动物的体温进行自动拍摄，可以帮助我们监测森林动物的活动。到2021年底，整个园区已经安装2万多台了。

好神奇，它是怎么做到的？

人参

著名药用植物，被誉为"百草之王"

狍子

狍子受惊后尾巴的白毛会炸开，变成"白屁股"，然后思考要不要逃

斑羚
一种体形较小的偶蹄目动物，喉部长有一团白或棕白色的毛，雌雄两性头上都长角，常在密林间的陡峭崖坡出没

野猪
外形与家猪相似，但背上鬃毛发达，雄性还长有明显的獠牙（向上翘起生长的上下犬齿）。野猪多在夜间结群活动，采食嫩枝、果实、草根等

捉迷藏开始，晚餐们躲好了吗？

麝香是成熟雄麝脐香腺囊中的分泌物干燥后形成的

原麝
又名香獐，是一种小型偶蹄类动物，雌雄均无角

梅花鹿
因夏毛上的白斑似梅花状而得名

东北棕熊
棕熊的亚种之一

东北虎
东北虎是现存体形最大的猫科动物，属于虎的一个亚种，喜欢在夜间活动。它的眼球中有一个像镜子似的特殊结构，即使再微弱的光也能被反射，在夜里看得很清楚

黄喉貂
因前胸部长有鲜明的黄色斑块而得名

同森林　共命运

东北森林曾遭受过恶劣的人为破坏，大量砍伐树木，滥杀野生动物，导致食物链严重受损，即使处于这条食物链顶端的东北虎、豹也受其影响，数量呈断崖式减少，距灭绝仅一步之遥。每种生物在食物链中都占有重要地位，它们虽然遵循着弱肉强食的规则，可命运的好坏却与力量的强弱无关，缺失任何一环，整条食物链的平衡都难以维持。

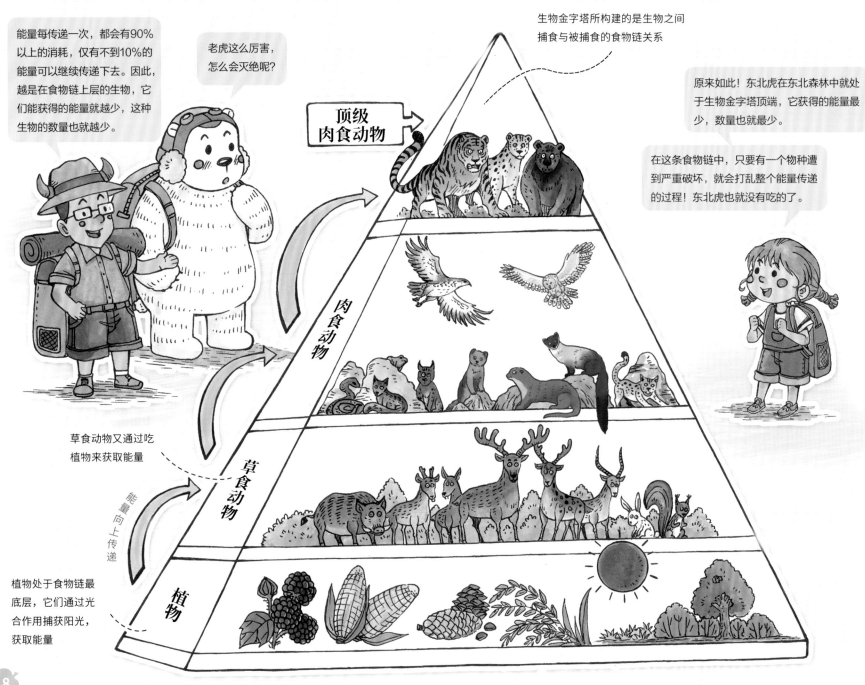

能量每传递一次，都会有90%以上的消耗，仅有不到10%的能量可以继续传递下去。因此，越是在食物链上层的生物，它们能获得的能量就越少，这种生物的数量也就越少。

老虎这么厉害，怎么会灭绝呢？

生物金字塔所构建的是生物之间捕食与被捕食的食物链关系

原来如此！东北虎在东北森林中就处于生物金字塔顶端，它获得的能量最少，数量也就最少。

在这条食物链中，只要有一个物种遭到严重破坏，就会打乱整个能量传递的过程！东北虎也就没有吃的了。

顶级肉食动物

肉食动物

草食动物又通过吃植物来获取能量

能量向上传递

草食动物

植物处于食物链最底层，它们通过光合作用捕获阳光，获取能量

植物

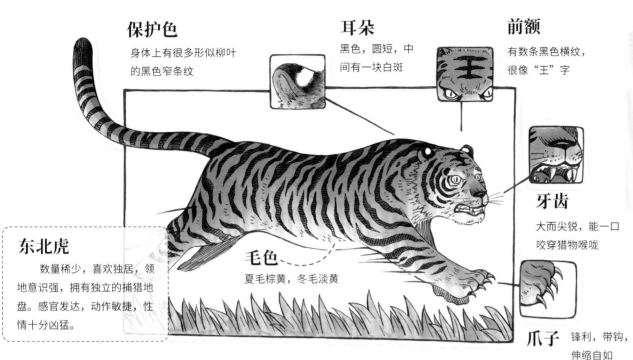

保护色
身体上有很多形似柳叶的黑色窄条纹

耳朵
黑色，圆短，中间有一块白斑

前额
有数条黑色横纹，很像"王"字

牙齿
大而尖锐，能一口咬穿猎物喉咙

东北虎
数量稀少，喜欢独居，领地意识强，拥有独立的捕猎地盘。感官发达，动作敏捷，性情十分凶猛。

毛色
夏毛棕黄，冬毛淡黄

爪子
锋利，带钩，伸缩自如

东北虎、豹的毛色这么鲜艳，不是很容易在狩猎时被小动物发现吗？

别担心！东北虎、豹身上的条纹、斑点属于保护色，能帮助它们更好地融入周围的环境，而很多草食动物（鹿、狍子、野猪等）恰恰是"色盲"，仅凭视觉观察，并不容易发现隐藏的猎手。

东北虎、豹现仅分布于中国的东北、俄罗斯的西伯利亚及朝鲜的部分地区。为了给野生动物创造良好的生存环境，以及自由迁徙的空间，中俄两国展开了互通合作，在边境建立了畅通的生态廊道。

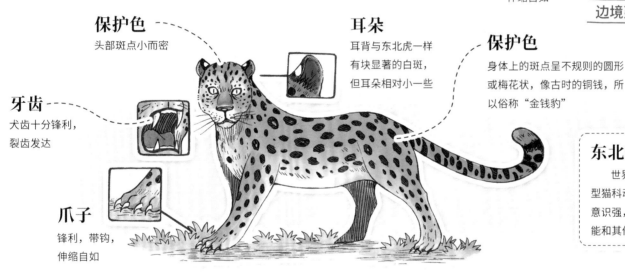

保护色
头部斑点小而密

耳朵
耳背与东北虎一样有块显著的白斑，但耳朵相对小一些

保护色
身体上的斑点呈不规则的圆形或梅花状，像古时的铜钱，所以俗称"金钱豹"

牙齿
犬齿十分锋利，裂齿发达

爪子
锋利，带钩，伸缩自如

东北豹
世界上继华南虎之后最稀有的大型猫科动物，通常在夜间活动，领地意识强，也喜爱独居，但有时领地可能和其他同类重叠。

为了更好地监测与保护东北虎、豹，科研人员建立了一套完善的"天地空"一体化监测体系，设立核心保护区，严厉禁止偷猎、伐木，使东北虎、豹和其他野生动物的栖息地环境得到改善，逐渐恢复生态平衡。

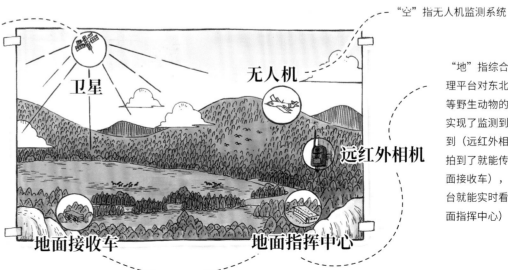

"天"指北斗卫星系统，能够对巡护人员、车辆、设备进行精准的定位与导航

"空"指无人机监测系统

"地"指综合指挥管理平台对东北虎、豹等野生动物的监测，实现了监测到就能拍到（远红外相机），拍到了就能传递（地面接收车），监控平台就能实时看到（地面指挥中心）

卫星

无人机

远红外相机

地面接收车

地面指挥中心

海南热带雨林国家公园

海南热带雨林国家公园位于海南岛中部，总面积约4269平方千米，拥有中国分布最集中、保存最完好、连片面积最大的热带雨林，生物多样性十分丰富，是海南最主要的生态屏障，也是世界热带雨林的重要组成部分。

坡垒
国家一级重点
保护野生植物

伯乐树
中国特有的第三纪
孑遗植物

海南孔雀雉
中国海南的特有种，
国家一级保护动物，
数量非常稀少

这些藤蔓为什么会和其他的树缠在一起呀？

这好像是原始森林中常见的一种植物绞杀现象。

没错，热带雨林里的绞杀植物一般是榕树。

绯胸鹦鹉
中国鹦鹉中野外数量最多、较为常见的一种

海南长臂猿
中国海南特有灵长类动物

海南苏铁
中国海南的特有种，国家一级重点保护野生植物。苏铁生长缓慢，寿命约为200年。在中国南方的热带及亚热带南部，树龄10年以上的苏铁几乎每年开花结果，而在北方，苏铁有可能终生都不开花结果

海南疣螈
中国海南特有两栖动物

海南山鹧鸪
中国海南特有种，常常成对或四五只一群出现，仅见于海南热带雨林中

榕树绞杀的真相
　　一些鸟儿或小型动物会吃榕树的种子，雨林植物密集，它们很容易就把没有消化的种子通过粪便带到其他植物上。这些种子能直接附着在其他的植物上生长，并一点点向下缠绕、攀爬，最终落地生根，与其所附的植物抢夺养料与水分，致被绞杀的植物逐渐死亡。

林醒万物生

唤醒雨林的长臂猿

清晨，天刚刚擦亮，沉睡的海南热带雨林就被一段口哨般的长鸣唤醒。这是一只刚刚睡饱、浑身充满活力的雄性海南长臂猿，在它的带领下，母猿与幼猿也很快会以"咯、咯"的短促啼鸣加入。美好的一天，即将在这场宣示领地的晨间大合唱中拉开序幕。

海南长臂猿是海南岛真正的原住民，它们在海南岛"落户"的时间至少有一万年。

这么久！那雨林中的小动物岂不是一万年没睡过懒觉啦？

外形似猴，但没有尾巴

虽然你比我珍贵，但我比你可爱！

海南长臂猿被世界自然保护联盟列为"全球最稀有的灵长类动物"，比大熊猫还珍贵。

幼猿的毛发通体金黄，6个月左右时，无论雌雄，毛色都会逐渐变黑

成年雌猿最明显的特征是头顶的黑色"小帽"，其余大部分毛发为金黄，体背、胸前略有一些灰、棕色毛发

成年后的海南长臂猿，雌雄个体毛色相差很大，雄猿通体黑色，头顶有一簇短而直的冠毛

金裳凤蝶

一种大型蝴蝶，翼展可达15厘米左右，喜欢滑翔飞行，速度较为缓慢，被列入CITES 附录Ⅱ*。

花醒蝶翩跹

海南热带雨林国家公园植被种类丰富，多样化的食物来源和优质的栖息环境，吸引了多达600种以上的蝶类在这里繁衍生息。

*CITES是《濒危野生动植物种国际贸易公约》的简称，也称《华盛顿公约》。其中，附录Ⅱ为不一定面临灭绝威胁的物种，但必须对其贸易加以控制。

呦呦鹿鸣 食野之苹

　　海南坡鹿是海南独有的物种，也是我国17种鹿类中最为珍贵的一种。坡鹿的名字，源于它们喜欢生活在矮小的丘陵和平坦的草坡附近，在海南方言中，"坡"就是"平地"的意思。坡鹿是群居动物，常常一起在草坡周边的小溪与田地中觅食。

坡鹿奔跑迅速，善于跳跃，一旦发现威胁，会立刻做出反应，疾驰狂奔而去。遇上数米高的乔木、灌木丛或数米宽的河沟时，它们也能一跃而过，因此在海南流传着许多坡鹿会"飞"的传说

雌鹿没有鹿角

背部中央，由颈部至尾部有一条直直的黑褐色条纹，两侧点缀着白色花形斑点

雄鹿头顶有大大的鹿角，它们通常会在离鹿群稍远一点的地方独自觅食

坡鹿的警觉性很高，视觉和听觉都非常敏锐，每吃两三口食物便抬起头来四处张望，观察周围的动静

金斑喙凤蝶

目前中国唯一的蝶类国家一级保护动物。

由于人为破坏生态环境，与恶劣的捕杀行为，坡鹿曾面临着灭绝的威胁，数量最少的时候，整个海南岛只有几十只。后来，保护工作者通过救助、繁育、野放等措施，才令坡鹿的数量逐渐增长，恢复稳定。

加油啊！珍贵的小坡鹿们！

三月三 闹春光

在海南热带雨林国家公园中有一座景色秀丽的黎母山，这里不单是热带生物资源富集的生态福地，更是一支古老民族——黎族的文化发源地。黎族人是海南最早的居民，至今仍然保有独具民族特色的语言、文化与习俗。"三月三节"就是黎族人最盛大的民间传统节日，人们借此怀念勤劳勇敢的祖先，表达对幸福生活的向往。

缤纷黎锦衬春光

每年的农历三月初三，黎族人都会穿上花样繁复的黎锦服饰，带上山兰米酒和竹筒香饭、粽子等美食欢聚一堂，对歌跳舞，庆贺节日与美好春光。

绣样

黎锦有纺、织、染、绣四大工艺，纯天然的植物染料令黎锦色彩鲜艳，不易褪色

竹筒香饭

粽子

山兰米酒

腰织机

织锦时，需要伸直双腿坐在草席上，将腰织机一端固定于腰部，一端用双脚抵住

藤箩

黎族的女子个个都是刺绣能手，她们常会随身携带一个小藤箩，里面盛着各种刺绣工具与材料，一有空就拿出来绣一绣。除了日常用品，她们还会为自己绣制嫁衣

舌尖上的长桌宴

长桌宴是黎族宴席中的最高形式，展现了最隆重的礼仪，一般用来招待尊贵的客人或庆祝节日。三月初三这天，黎族人便会在村寨中摆起长桌宴，他们用绿油油的芭蕉叶做桌布，用竹制的餐具盛放美食，不仅令人大饱口福，更能享受一场视觉盛宴。

我好像眼花了！他们怎么用鼻子吹箫？

这是一种独具黎族特色气鸣乐器——鼻箫，就是用鼻子来演奏的。

山兰米酒

在长桌宴上喝山兰米酒十分有趣，人们不用酒杯盛酒，而是把长竹管插入酒壶，大家轮流吸着喝

竹筒饭

糯米装在竹筒里，用木炭烤制

三色饭

用山兰米、三角枫、红蓝藤叶、黄姜等天然植物色素染色制作而成

"五脚猪"

这道菜的名字与它的主要食材名字一样，这种猪吃东西时候喜欢把嘴贴着地，边拱土边吃，从后面看就好像有五只脚，于是得名五脚猪

"鱼茶"

一种将熟稻米与鲜鱼肉等食材封入瓶中，发酵而成的配菜，闻起来酸酸臭臭，吃起来却别有一番滋味

竹竿舞

黎族的祖先为了捕捉猎物，通过跳竹竿训练跑、跳和反应能力，后来逐渐演变成了现在的竹竿舞

船型屋

黎族人为纪念渡海而来的祖先而设计建造的，是黎族最古老的民居。船型屋以茅草为盖，竹木为架，外形酷似船篷。这种建筑形式有利于抵御台风，架空的结构也有防湿、防瘴、防雨等作用。

武夷山国家公园

武夷山国家公园位于闽赣交界，武夷山脉北段，涉及福建、江西二省，总面积约1280平方千米（福建区域约1001平方千米，江西区域约279平方千米）。园区内地貌复杂，生态环境类型多样，为野生动植物提供了理想的栖息与繁衍场所。

有敌情！

哪？哪有敌情？不管了，我先竞走撤离！

白颈长尾雉

中国特产的鸟类，生性胆怯机警，列入《中国国家重点保护野生动物名录》一级

黄腹角雉

中国特产的鸟类，善于奔走，不到万不得已不起飞

挂墩鸦雀

又名短尾鸦雀，是全球性易危鸟种

崇安髭^{zī}蟾

"髭"的意思是嘴上边的胡子，崇安髭蟾平时体色棕红带紫，身上长有黑色细斑，但是到了繁殖季节，雄性的上嘴唇会长出用于求偶的小黑刺，远远看去就像是尖尖的胡子，因此得名

御茶园

元代皇家御茶园的遗址

崇安地蜥

中国特有爬行动物

阳彩臂金龟

中国特有种，曾在1982年被宣布灭绝，后来在福建、广西等地又被陆续发现，数量稀少，目前被列入《中国国家重点保护野生动物名录》二级。一对比自己的身体还要长的前足，是阳彩臂金龟的一大特点

金斑喙凤蝶

中国唯一的蝶类国家一级保护动物，位居世界八大名贵蝴蝶之首，被称为"蝶中皇后"

南方铁杉
中国特有树种

黑麂
黑麂还有"蓬头麂"的俗称，因为它的头顶长有一簇棕褐或淡黄的长毛，有时会把两只短角遮得看不出来，看起来蓬头垢面

jǐ
赤麂
鹿类中体形最大的一种

险峻的地势也难不倒我！

tuān
武夷湍蛙
中国特有两栖动物

liè
鬣羚
鬣羚的脖子有鬃毛，似马而非马。鬣羚善于攀登和跳跃，在陡峭的崖壁间也能行动自如

白天太阳好大，晚上再行动。

挂墩后棱蛇
半水栖蛇类，习惯夜间活动，白天潜于山涧或溪流的水底石缝中

岩骨花香通茶道

中国的茶文化悠久而深厚，各地名茶众多，独到之处也各有不同，但在这场争奇斗艳的名茶角逐之中，有一个名字永远不会缺席——武夷岩茶。从古至今，产自武夷山的名茶数不胜数，它们是文人墨客笔下的常客，受到过皇帝的青睐，更是享誉全世界的茶中精品。

年年春自东南来，
建溪先暖冰微开。
溪边奇茗冠天下，
武夷仙人从古栽。

范仲淹

在武夷山一处茶园的岩壁上，刻有北宋政治家、文学家范仲淹为武夷岩茶的题诗，诗中赞美岩茶是仙人的杰作。

就中武夷品最佳，
气味清和兼骨鲠。
（节选）

乾隆皇帝

乾隆皇帝曾在一次深夜批阅奏章后，品尝武夷地方进贡而来的岩茶，不禁被它清和的香气与深厚的回味所吸引，当即作了一首《冬夜煎茶》以评价岩茶极佳的品质。

上者生烂石

茶圣陆羽曾在《茶经》中写道："上者生烂石，中者生砾壤，下者生黄土。"武夷山境内为典型的丹霞地貌，由风化岩残土经年累月堆积形成的深厚土层，为茶树造就了得天独厚的生长环境。武夷岩茶，便是这生于烂石之中当之无愧的"上者"。

大红袍是武夷岩茶中最有名的一个品种，有"岩茶之王"的美称。它的香气清雅芬芳，回味醇厚深沉，蕴含着一种岩骨花香的韵味。想要培育出独具"岩韵"品质的大红袍并不容易，天时、地利、人和，缺一不可。

武夷山国家公园境内是乌龙茶与红茶的发源地

大红袍是介于绿茶和红茶之间的一种半发酵茶，属于青茶。它与红茶一样温和，不会刺激肠胃，又同时保有绿茶的清香

人和

武夷岩茶每年只采春茶，茶农会在谷雨前后密切关注天气变化，确定不同品种的采摘时间，并且清晨不采、有露水不采、阴雨天不采、午时不采、傍晚不采，以保证岩茶的最佳品质。岩茶的制茶工序也有十几道，是所有茶类中工序最多、最复杂的。

天时

武夷山温润多雾的气候，是培养优质茶树的催化剂。

地利

盆栽式栽种是武夷岩茶的一大特点，人们利用山崖的陡峭地形，就地取材，用石块砌成一层层阶梯状的石槽，然后填土种茶。这种栽种方式有利于排水，避免山地间的流水冲刷。

万里茶道

小小的一片茶叶背后，究竟蕴含着多大的力量呢？这个问题或许需要一位商人来为你解答。1755年，在武夷山的下梅村发生了一件令当地人百思不得其解的事，一个名叫常万达的山西商人，竟然斥巨资买下了下梅村附近所有的荒山。然而，正是因为这个看似荒唐的举动，最终成就了一条在中国历史上极为重要的国际贸易商道——万里茶道。

常万达早年在中俄边境做生意，深知俄国人对中国茶的热爱，但当时的外贸条约规定，中俄贸易只能在边境重镇恰克图展开，茶叶想从中国南方运输到遥远的北方十分艰难。

山有了，水有了，
待山间栽满茶树，
财富也就有了。

常万达

当溪是一条穿过下梅村的水道，同时它还连通着武夷山通往外界的重要水路梅溪，对商机嗅觉敏锐的常万达正是看中了这里绝佳的地理位置，最终促成了一条集种植、采购、运输、外销于一体的岩茶贸易链。

恰克图　内蒙古　河北　山西　河南　湖北　江西　下梅村

万里茶道全图

下梅村茶市

为了防止茶叶在运输途中因为水分的蒸发而减轻重量，诚实的晋商会在打包时多加四两，这样即使到了恰克图或俄国当地，茶叶仍然是足两的

后来，下梅村果然成了闽北地区最大的茶市，每天清晨，天都还没有大亮，就有三百多艘竹筏相继而来，它们即将满载"宝藏"，以下梅村为起点，将武夷岩茶的盛名传向世界

山水间的中国哲学

1999年，武夷山被联合国教科文组织列入世界文化与自然双重遗产，除了秀丽的自然风光，武夷山本身也是中国著名的历史文化名山。历朝历代的学者文人，都为武夷山留下了无比珍贵的文化遗存与思想理论，其中，以朱熹的理学思想最为著名。

与孔子齐名的朱熹

中国曾有著名学者这样评价朱熹和他的理学思想："东周出孔丘，南宋有朱熹，中国古文化，泰山与武夷。"与孔子齐名的朱熹，是中国南宋著名的理学家、教育家、诗人，他总结前人理论，将中国的理学思想推到了鼎盛高度。

程朱理学

理学即义理之学，是以研究儒家经典的义理为宗旨的学说。程朱理学由北宋的程颢与程颐两兄弟开创，南宋时，朱熹以程氏兄弟的思想为基础，总结前人理论，建立了庞大的理学体系，其思想在元、明、清三代曾被尊奉为官学。

天下之物，莫不有理。

朱熹

朱熹的理学思想对中国后世的政治、文化、思想都产生了一定的影响，甚至还传播到了海外，受到了世界的关注。

从武夷山诞生的哲思

15岁时，朱熹来到了武夷山，他在这片秀丽的山水之间潜心苦读，于4年后考取了功名，开始了他"修齐治平"的仕途生涯。

修身 齐家 治国 平天下

"修齐治平"指的是提高自身修为，管理好家庭，治理好国家，安抚天下百姓苍生的抱负

心灰意冷

辞官回武夷

出任官职

斗志昂扬

不过，朱熹的仕途并不顺利，他和当时南宋贪婪、混乱的官场风气格格不入，总是一次次地辞官回到武夷山，又一次次地为了理想抱负而出山。

武夷山现存朱熹摩崖题刻十三处，是武夷山文化遗产的一部分

逝者如斯啊……光阴就像眼前的流水，奔流向前，永不停留。

官场上的坎坷，让朱熹每次回到武夷山都更加珍惜这片启迪了他的哲思的地方，他认为自然、山水、天地之间都蕴含着大道理。

后来，朱熹将理学思想发扬光大，并于54岁在武夷山五曲大隐屏峰下建立了武夷精舍，亲自授课讲学，推广儒学教育，武夷山也成了中国理学的发源地和重要传播地。

求学的人络绎不绝

武夷精舍是朱熹著书立说、倡道讲学之所。后来清朝的康熙皇帝因欣赏朱子理学，于是赐下"学达性天"的匾额，悬挂在武夷精舍的门前。

祁连山国家公园

祁连山国家公园位于青藏高原东北部，分为甘肃片区与青海片区，总面积5.02万平方千米。受海拔与气候的影响，祁连山盛夏七八月的温度也十分清爽怡人，运气好的话，甚至还能领略到夏日飘雪的神奇景象。

嘿嘿，午饭有着落了。

藏雪鸡
栖息于高海拔地区的雉鸡类

白肩雕
又名御雕，是一种珍稀猛禽

雪豹
雪豹的毛色令它在冰天雪地中更容易隐藏自己

蓝马鸡
中国西北地区的特产珍禽

白唇鹿
随着祁连山生态环境的恢复和野生动植物保护力度的加大，白唇鹿的栖息地环境得到了明显改善。2020年，曾有摄影师在祁连山国家公园境内，拍摄到约200头白唇鹿成群觅食的画面

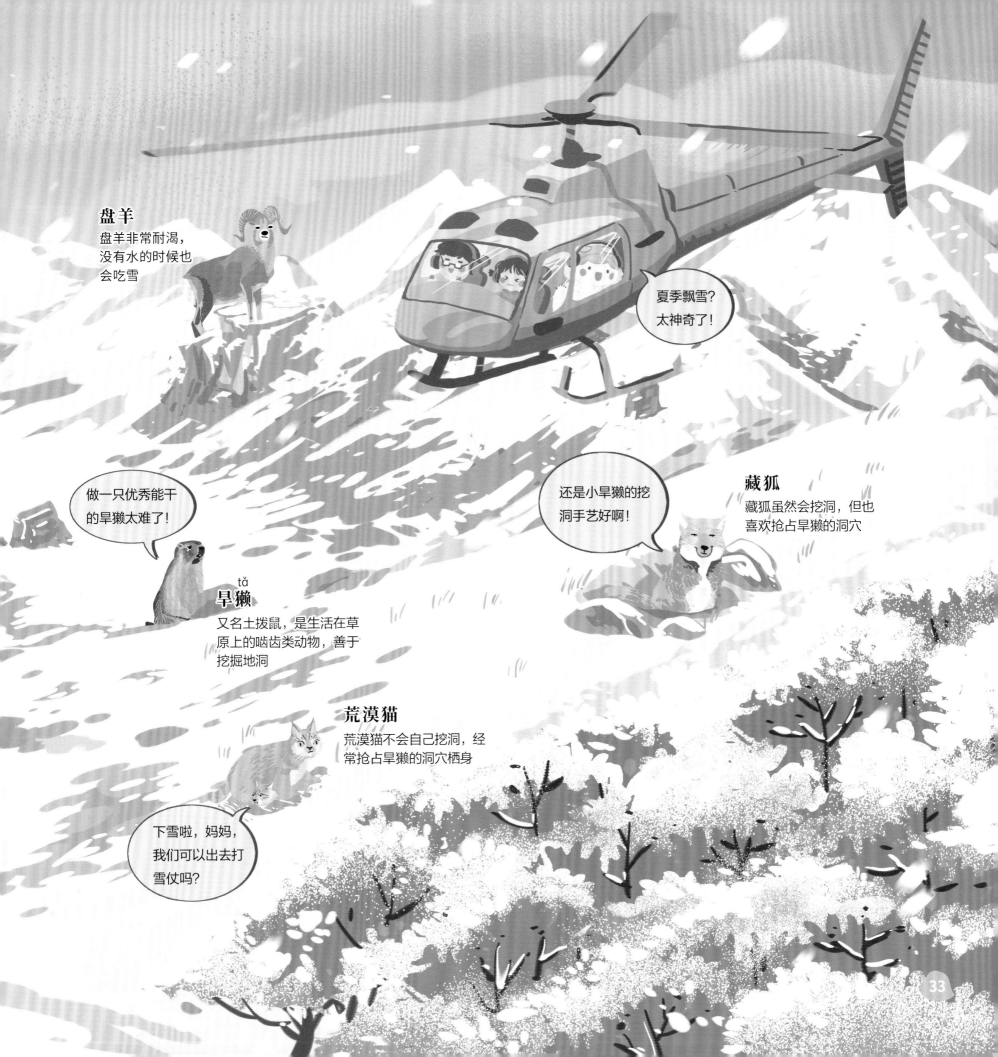

隋朝：隋炀帝的万国博览会

公元609年，隋炀帝为了安定西部边陲，彰显隋朝的强盛与威仪，在河西走廊的焉支山下举办了一场盛况空前的"万国博览会"。西域二十多个国家的首领和代表纷纷来朝，为了寻求隋朝的庇护，很多国家除了奇珍异宝，还献上了版图。曾经因为战乱而中断的丝路贸易，也在这次大会之后得到了恢复。

> 能来这里的人，以后都是朋友。

> 世道虽然不安稳，可学问不能不做。

魏晋时期：中原文化的避难西迁

魏晋时期的中原地区，一度因为诸多势力争权导致战火纷飞，而河西走廊由于地处偏僻，资源匮乏，对争权者来说无利可图，反而成了一个安全的地方。大批儒家学者为了躲避战乱西迁到这里，令当时河西地区的学术文化空前繁荣。

> 西迁的学者们开凿了马蹄寺石窟，作为当时的读书场所。后来，一些僧侣在这里塑造佛像，这里逐渐成了佛教圣地

千年河西 步履不息

> 中原文化的避难西迁，令许多珍贵的史书、典籍得以留存

两千多年前，张骞拜别汉武帝，踏上了向西寻找军事同盟共同抗击匈奴的道路。那时的他还不知道，这条因战争而起的探索之路，最终却成了一条令西汉连通世界的国际贸易要道——丝绸之路。原本荒凉贫瘠的河西走廊，也因此在中国的历史上大放异彩，此后的许多朝代都曾沿着张骞走过的道路，在河西的土地上书写下了属于自己的文明史诗。

唐朝：盛世的缩影莫高窟

全盛时期的唐朝，经济文化高度繁荣，位于敦煌的莫高窟虽然远在河西地区，但也在此时进入了它的黄金时代。无数的僧侣、画师、工匠在这里倾力创作，为后世留下了无数精美的壁画与彩塑作品，奠定了莫高窟在当今世界艺术宝库中举足轻重的地位。

④ 清朝：左宗棠抬棺出征

清朝末年，沙俄妄图侵略中国新疆，还强势出兵占领伊犁，胁迫清朝派出的谈判大臣签订不平等条约。这个消息一经传回，就引得朝野上下勃然大怒，朝廷要求重新谈判，并派出晚晴著名贤臣、民族英雄左宗棠率兵出征伊犁，如果谈判不成功，就以武力收复伊犁。年事已高的左宗棠，在出征前就命人备好了棺木，表明了即便是身死也要收复伊犁的决心。最终，清朝与沙俄在1881年2月24日重新签订条约，收回了包括伊犁在内的一部分主权。

不成功便成仁！

左宗棠

⑤ 新中国20世纪60年代：一条铁路通新疆

1952年10月1日，兰新铁路在甘肃兰州破土动工，并于1962年12月9日将铁轨铺至新疆乌鲁木齐，成了当时内地与新疆交通往来的唯一铁路线。这条沿河西走廊而修建的铁路，令新疆丰富的物产与资源输入内地变得更加便捷，大大促进了当时中国西部地区的经济发展。

2013年，中国提出与世界多国共建"一带一路"的倡议，这是中国同世界共享机遇、共谋发展的阳光大道。时至今日，这条通向共同繁荣的机遇之路，已经取得了实打实、沉甸甸的成就。这其中的"一带"指的就是丝绸之路经济带，河西走廊作为丝绸之路上最为重要的一环，它的发展必然未来可期！

在21世纪，河西走廊又会有什么新的奇遇呢？

河西走廊的漫漫历史，一路走来太不容易了！

祁连山下的传奇

在黄河以西，有这样一条充满了战火、财富与传奇的要道，它在两条山脉的夹持之下，形成了一条像走廊一样的通道，因此得名河西走廊。自古以来，河西走廊就是中原地区通往西域的唯一途径，谁掌控了这里，就等于掌控了一条拥有无尽财富的经济命脉，河西走廊也因此注定了战火纷飞的命运。

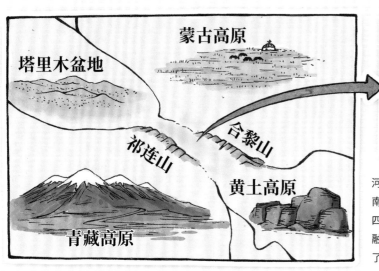

河西走廊地处祁连山以北，合黎山以南，乌鞘岭以西，甘肃新疆边界以东，四面被高原或荒漠环抱。丰富的冰雪融水灌溉着河西的平原，使这里形成了与周边景观截然不同的绿洲

"凿空西域" 的使者

汉武帝时，盘踞在汉朝西北边境的匈奴时常南下，侵扰百姓安危，是西汉的一大强敌。他们还占据了原本居住在河西走廊的月氏（zhī）人的土地，令他们被迫迁居。

月氏迁居时分了两条路线，向西迁至西域的部族称为大月氏，向东南迁至南山（今甘肃、青海一带）的部族称为小月氏

为寻求共同抗击匈奴的军事同盟，张骞在公元前139年，奉汉武帝之命从长安出发，踏上了前往西域的漫漫长途。但不幸的是，他刚迈进河西走廊，就被匈奴俘虏了，而且一待就是9年……后来，张骞抓住机会逃了出来，他横穿大漠、翻越高原，终于找到了大月氏！但此时的大月氏已经在西域安居乐业，不想再卷进纷争，便拒绝了张骞的请求，无奈的张骞只好离开。

可惜命运再次和张骞开了个玩笑，在回长安的路上，他又被匈奴俘虏了……当他再次逃离，赶回故土长安时，已经是公元前126年，距他出发已经过了13年。

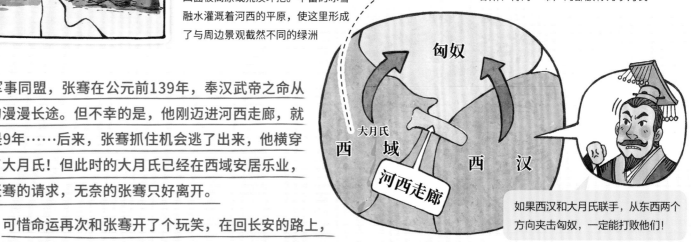

如果西汉和大月氏联手，从东西两个方向夹击匈奴，一定能打败他们！

卿，你再不回来，就要被划为失踪人口了……

陛下，我虽然没有拉到帮手，但已对西域的风土人情了如指掌，如果咱们能打通河西走廊，把生意做到全世界，那汉朝一定会更加强盛！

年少骠骑与传世良马

在张骞的描述下，汉武帝被西域的种种事物深深吸引，一场宏图伟业在他心里悄然萌发……公元前121年，汉武帝派年仅19岁的霍去病出击匈奴，这位智勇双全的骠骑将军，仅仅指挥两次河西之战，便震慑了匈奴，占领了祁连山，令河西走廊纳入了西汉的版图，真正"凿空"了西域。而这条由河西走廊所连接起来的，中国与中亚的著名贸易通道，就是我们现在熟知的陆上丝绸之路。

在与匈奴的作战中，霍去病意识到，匈奴的强悍与他们善于骑马作战有着莫大的联系。河西走廊独特的地理环境令这里水草丰美，战马在这样的环境下成长，必然雄健剽悍，勇猛无比。于是，霍去病建议汉武帝在河西走廊屯兵养马，为西汉培养马背上的实力。

山丹军马场便是由霍去病在河西走廊始创的最大马场。此后，很多朝代也都沿袭西汉的策略，在山丹为国家培养优良的军马。

山丹马

山丹马是本土马与引进的西域良马杂交培育出的马种，身形高大，奔跑速度快，还很好饲养，是中国少有的既能军用，也能作为交通力量的优良品种。

如今，军事科技已经十分发达，人们早已不再依靠马儿作为主要的军事力量，但山丹军马场却仍然在祁连山下欣欣向荣，滋养着众多野生动物与家畜。

多亏了霍将军！我们才有幸能在两千多年后的今天，见到这些令中华民族自豪的山丹马！

霍将军太伟大啦！

神农架国家公园

神农架国家公园位于湖北省西北部，总面积1170平方千米，保存了地球同纬度地带唯一完好的北亚热带原始森林生态系统，是全球生物多样性王国、世界地史变迁博物馆、第四纪冰川时期野生动植物的避难所和众多古老孑遗、珍稀濒危、特有生物的栖息地。

金猴岭

川金丝猴
中国特有的珍稀灵长类动物

神农谷

猕猴
东亚地区最常见的猴类

板壁岩

巴山冷杉
中国特有树种

杜鹃花海

杜鹃花又名映山红，中国是杜鹃花分布最多的国家。每年五月，神农架漫山遍野的杜鹃花形成花的海洋，素有"天然花海"之誉

金雕
北半球一种广为人知的猛禽

白熊
亚洲黑熊的白化种

大九湖

白化动物活动区

38

东方白鹳
机警、胆怯，发现入侵者时，上下嘴会快速张合，发出"嗒嗒"的示警声

黑鹳
全球迁徙性大型涉禽，是白俄罗斯的国鸟

白蛇
蛇的白化种

燕子垭

神农架林区

短嘴金丝燕
小型鸟类，用唾液混合
苔藓等在岩壁上筑巢

gǒng
琪桐
第三纪孑遗植物，植物界的
"活化石"，因花形像白鸽
展翅，又称鸽子树

红坪画廊

神农坛

香溪源

神农香菊
香味独特，药用价值丰富

官门山

白金丝猴
金丝猴的白化种

神龙洞

39

丛林深处的金色魅影

川金丝猴是中国特有的珍稀物种，仅分布于中国四川、甘肃、陕西和湖北。神农架国家公园中拥有大面积的原始森林，气候独特，植被丰富，是川金丝猴在湖北的主要栖息地。

面孔呈淡蓝色

成年公猴的嘴角有突起的瘤状构造

没有鼻梁骨，鼻子上翘，川金丝猴也因此被称为仰鼻猴

金色的毛发，柔软光亮

尾巴几乎与身体等长

川金丝猴的生活圈——家庭单元

川金丝猴是典型的重层社会结构，一个群体由多个家庭单元（一雄多雌单元）和全雄单元组成。在家庭单元中，通常由一只最强壮、最勇敢的成年公猴担任家长，其余成员都是母猴和幼猴。家长拥有发号施令的权力，同时也肩负着保护家庭成员的重要职责。

阿姨行为与异亲哺乳

同一家庭单元的母猴之间通常会相互帮助，婴猴会被阿姨、姐姐等雌性共同照顾，称作阿姨行为。如果某只婴猴的母亲不慎死亡，其他处于哺乳期的母猴便会担起哺育这只婴猴的责任，称作异亲哺乳。这些行为能提高婴猴的存活率，保证小家伙们在严冬来临之时拥有健康的身体状态，从而顺利越冬。

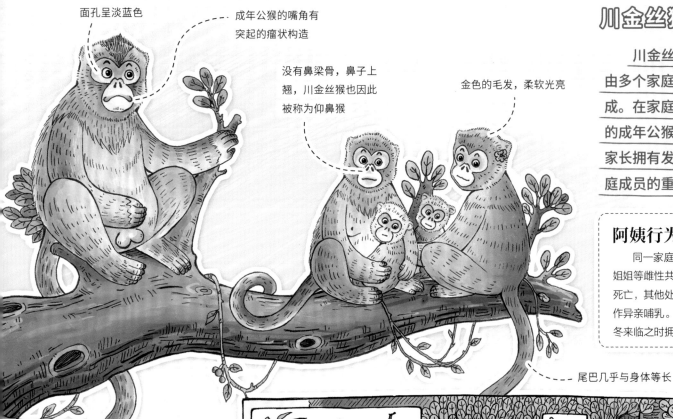

川金丝猴是叶食性动物，主要食用植物的叶、花、果，也会吃树皮和附生在树上的地衣，偶尔还会吃些小昆虫和鸟蛋

叶　花　果

昆虫

鸟蛋

警告！警告！下方出现一只豹猫！妇女儿童马上回家！公猴立刻集合，全力赶走这个坏家伙！

在家庭单元外围活动的，来自全雄单元的公猴"警卫员"

川金丝猴的胃里有个特别的隔室，其中的一些细菌，能破坏一般哺乳动物无法消化的植物组织，所以川金丝猴可以吃一些难以消化的食物，甚至有些毒性的食物。

太厉害啦！

豹猫、狼、豺、雕、鹰等都是川金丝猴的天敌

40

川金丝猴的生活圈——全雄单元

顾名思义，全雄单元中的成员全部都是公猴，包括曾经担任过家长的老年公猴、成年公猴，以及满3岁被赶出家庭单元的小公猴等。有时，全雄单元也会接纳外来的孤猴，这些外来者往往由于体弱、患病或争夺家长之位落败，被原有的家庭驱逐，不得不独自流浪，直到遇见其他愿意接纳它们的猴群。

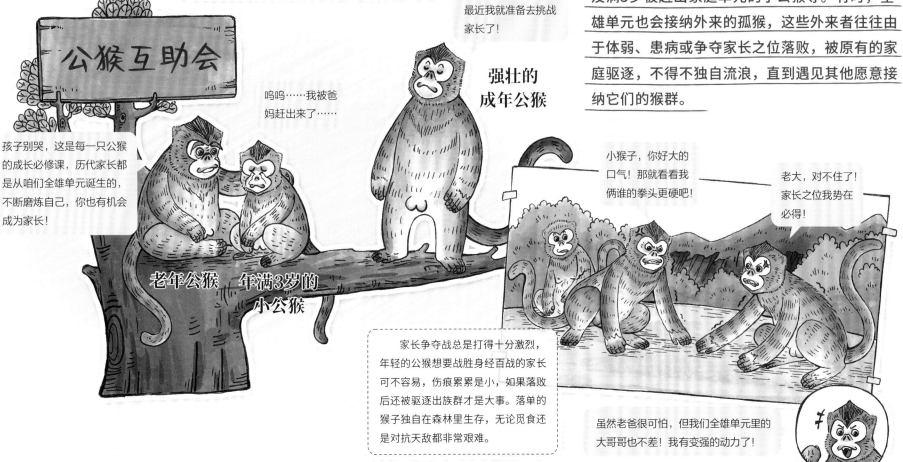

全雄单元中的公猴看似身份低微，实际上它们却肩负着保卫整个群体的重任。这些公猴通常在远离家庭单元的猴群外围活动，负责放哨和警戒，一旦发现威胁，就会及时向猴群发信号，必要时，还会集体出动与来犯的入侵者大战一场。

没错，我曾经也和你一样瘦小，但几年的磨炼让我今非昔比！最近我就准备去挑战家长了！

公猴互助会

孩子别哭，这是每一只公猴的成长必修课，历代家长都是从咱们全雄单元诞生的，不断磨炼自己，你也有机会成为家长！

呜呜……我被爸妈赶出来了……

强壮的成年公猴

老年公猴　年满3岁的小公猴

小猴子，你好大的口气！那就看看我俩谁的拳头更硬吧！

老大，对不住了！家长之位我势在必得！

家长争夺战总是打得十分激烈，年轻的公猴想要战胜身经百战的家长可不容易，伤痕累累是小，如果落败后还被驱逐出族群才是大事。落单的猴子独自在森林里生存，无论觅食还是对抗天敌都非常艰难。

虽然老爸很可怕，但我们全雄单元里的大哥哥也不差！我有变强的动力了！

遥远的近亲

据现有资料考证，金丝猴的祖先最早生活在青藏高原，数百万年的进化与演变，令它们分化出了不同的种类，种群也分散到了不同地区。包括川金丝猴在内，目前发现的金丝猴共有5种，它们全部属于濒危物种，极为珍贵，保护意义重大。

滇金丝猴

分布于中国西南部的云岭山脉。

黔金丝猴

仅见于中国贵州梵净山。

越南金丝猴

仅分布于越南北部宣光省和北太省之间石灰岩山地。

怒江金丝猴

分布于中国怒江地区和缅甸克钦州东北部。

十亿年的赠礼

早在2013年，神农架就凭借古老、丰富的地质遗迹和极高的地质学研究价值，加入了世界地质公园的大家庭。无论山岳奇观、岩溶地貌还是古冰川的侵蚀遗迹，十几亿年来漫长且复杂的地质演变，都令神农架在全球的地质变迁发展史上留下了浓墨重彩的华章。

从汪洋大海到表里山河

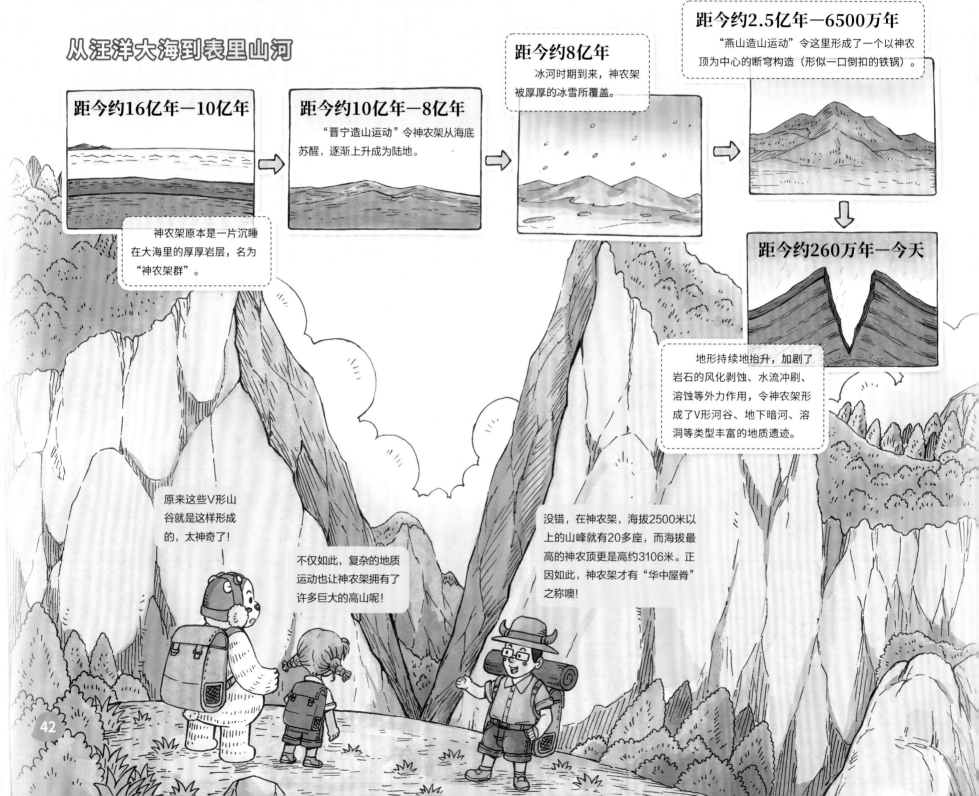

距今约16亿年—10亿年

神农架原本是一片沉睡在大海里的厚厚岩层，名为"神农架群"。

距今约10亿年—8亿年

"晋宁造山运动"令神农架从海底苏醒，逐渐上升成为陆地。

距今约8亿年

冰河时期到来，神农架被厚厚的冰雪所覆盖。

距今约2.5亿年—6500万年

"燕山造山运动"令这里形成了一个以神农顶为中心的断穹构造（形似一口倒扣的铁锅）。

距今约260万年—今天

地形持续地抬升，加剧了岩石的风化剥蚀、水流冲刷、溶蚀等外力作用，令神农架形成了V形河谷、地下暗河、溶洞等类型丰富的地质遗迹。

原来这些V形山谷就是这样形成的，太神奇了！

不仅如此，复杂的地质运动也让神农架拥有了许多巨大的高山呢！

没错，在神农架，海拔2500米以上的山峰就有20多座，而海拔最高的神农顶更是高约3106米。正因如此，神农架才有"华中屋脊"之称噢！

42

时间的"魔法"不止造就了神农架的高山，还造就了许多值得人们认识与探究的地质奇观。

中等到较大的降雨量为"刻刀"增强冲击力

峡谷的锋芒——喀斯特地貌

喀斯特地貌也叫岩溶地貌，无论是山谷中怪石嶙峋的峰林，还是山腹里千奇百怪的溶洞，都属于喀斯特地貌。那么，这些看上去尖锐的岩石是如何形成的呢？简单形容的话，它们都是大自然以流水作为刻刀，经年累月雕刻而成的岩雕作品（具有溶蚀力的水，溶蚀可溶性岩石所形成的地表和地下形态）。

板壁岩石芽群

大气中的二氧化碳、二氧化硫等酸性气体，往往会令雨水也呈弱酸性，这样的雨水顺着由碳酸盐岩为主构成的岩石的缝隙渗透、流淌，逐渐将缝隙"雕刻"的又宽又深，形成石骨嶙峋的喀斯特地貌

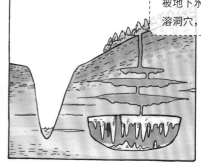

当雨水沿着地下裂缝流动时，又会通过溶蚀作用令裂缝变得又宽又深，形成洞穴系统或地下河道

雨水除了溶蚀地面上的岩石，还会沿着地下裂缝向地底渗透

溶洞

降水量少的时候，洞穴中的水就会通过地下河流走，显露出被地下水长期溶蚀所形成的岩溶洞穴，也就是溶洞

钟乳石

造型千奇百怪的钟乳石是溶洞中的常驻成员。当含有二氧化碳的水，与富含碳酸钙的石灰岩相遇时，会产生一系列的化学反应，最终形成一种碳酸钙与其他矿物质的沉积物。洞顶的沉积物由于常年随着流水滴落的方向堆积，所以会形成悬挂在洞顶的钟乳石；而洞底的沉积物则相反，是由下而上堆积起来的，所以往往形成的是圆墩墩的石笋。

石瀑

石笋

石珊瑚

石柱

神农架文化探幽

每当提起神农架，人们脑海里总会不由得浮现出"神秘"二字，"野人"传说、白化动物之谜、山涧里的"潮汐"……这些发生在神农架古老原始森林中的神秘现象，虽然至今仍然是未解之谜，但它们恰恰是大自然留给我们的有趣课题，正静静等候着充满好奇心、热爱科普的你，在未来用科学的力量去探索答案。

"野人"传说

在很长一段时间里，神农架都流传着"野人"出没的传说，吸引了国内外无数的探险家前来探究，但这种"民间有传说，史书有记载，考察有发现"的未知生物，却始终保持着神秘，从没向世人展露过它的真面目。

探险家曾在神农架发现疑似"野人"留下的粪便和毛发

白化动物之谜

白色的动物是神农架的又一未解之谜。有些动物的皮毛或体色天生并不是白色，但偶尔会因为基因的缺失，繁育出白色的后代，这就属于动物的白化现象。在自然环境下出生的白化动物，常常体弱多病，显眼的体色也令它们更容易受到天敌攻击，所以很难存活，十分罕见。但科学家在神农架却发现了很多白化动物，无论种类还是数量都足以令世界震惊。

山涧里的"潮汐"

潮汐通常特指海潮，是一种由于月球和太阳的引力而产生的水位定期涨落的现象。但无奇不有的神农架总能为人们带来惊喜，在它的山涧中有一条潮水河，人们发现这里的河水也拥有"潮汐"现象。

除了神秘、有趣的未解之谜，神农架悠久的历史文化与独特的地方传统，也赋予了这片土地深厚的文化底蕴。

神农百草园

相传在远古时期，五谷与杂草同生，药物与百花同长，哪些植物可以作为粮食，哪些可以入药，谁也分不清楚，百姓饱受饥饿与疾病之苦。这时，一位部落首领神农氏站了出来，他架木为梯，登上高山，立志尝遍百草，最终不仅辨别出了粮食，还教会了百姓种植五谷，找出了治病的草药。后人为了纪念神农氏的功劳，便把他曾经尝百草的这片大山称为"神农架"*。

神农架遍地皆药，种类多达上千种，所以又被称为"百草园"。这里的百姓也人人懂药、人人采药，他们还根据这些草药的外观和形态，为它们取了许多有趣的名字。

哇！好苦！

七叶一枝花（蚤休）

江边一碗水（鬼臼）

文王一支笔（蛇菰）

头顶一颗珠（延龄草）

神农飞鼠

一种栖息在悬崖、树冠等高处的小型动物，前后肢间长有飞膜，能从高处跃起，借助展开的飞膜在空中滑翔

飞鼠锋利的指爪，对采药人本身和绳子都是威胁

嘻嘻！吓一跳吧！

竹筒能起到保护绳子的作用，减少岩石对绳子的磨损

崖壁采药人

在神农架采药是个技术活儿，有些珍贵的药草恰好长在悬崖峭壁，采药人不仅要应对险要的地势，还要时刻提防突然出现影响他们采药的小动物。现在，这些植物大多是国家重点保护野生植物，未经许可采摘是违法的。

金钗

金钗是民间对石斛属药草的统称，因外形酷似古代女子头上戴的发钗而得名

普达措国家公园

普达措国家公园总面积约1313平方千米，位于滇西北"三江并流"世界自然遗产中心地带，以碧塔海、属都湖、弥里塘亚高山牧场为主要组成部分。

丽江云杉

中国特有树种

牦牛

以中国青藏高原为起源地的特产家畜

"举白旗"无效！我已经锁定你了！

猞猁

外形似猫，但比猫大很多，耳尖具黑色簇毛

毛冠鹿

生性胆小，因额头上有一簇马蹄形的黑色长毛而得名。毛冠鹿受到惊吓逃跑时，会翘起尾巴露出内侧的白色毛发，反而会因此暴露自己

猞猁好可怕，我要再挖几个地洞藏身……

藏鼠兔

藏鼠兔行动灵敏，善于挖掘有多个出口的复杂洞穴系统，以便在遇到危险时，迅速躲进最近的洞里

水毛茛

也叫"梅花藻"，虽然生长在水下，却会将可爱的小白花开到水面之上

栎树
香格里拉地区常见的阔叶树种

草原马
高山牧场的牧民饲养了许多马，这些马儿也成了草原上的一道风景

杜鹃花海
杜鹃花种类繁多，是中国十大传统名花之一。每年5月上旬至6月中旬是杜鹃花的盛花期，也是去普达措国家公园观花的最佳时期

杜鹃花虽美，但千万不能乱吃！它的花瓣中含有微量的神经毒素，那些浮在水面的鱼儿就是贪嘴中毒了。这里的鱼儿由于经常误食落在水中的杜鹃花瓣，所以总是晕乎乎的浮在水面，就像喝醉了似的，人们便给这幅景象取了个"杜鹃醉鱼"的名字。

让我也来尝尝！

白鹭
湿地涉禽。身上有一种特殊的羽毛，称为"粉翮"，能够不停地生长，末端不断地破碎成粉末状，像滑石粉一样把身上的污物带走

中甸叶须鱼
中国云南高原特有种，喜欢栖息于湖水的底层，是第四纪冰川时期遗留下来的古老物种，拥有三层嘴唇

都是贪吃惹的祸！

那些鱼儿好像很喜欢吃杜鹃花瓣呀！

血雉
主要分布于中国的雉鸡类，因身体上的部分绯红色而得名

嵩草
香格里拉地区草甸的主要构成植物

47

半湖青山半湖水

　　"三江并流"指的是发源于青藏高原的金沙江、澜沧江和怒江在云南省境内自北向南并行奔流170多千米的区域，它以得天独厚的地理环境与气候特征，赋予了流域内动植物生生不息的活力，令这里堪称世界级物种基因库，而普达措生命繁荣的秘密，恰恰藏在这"三江并流"的山水之间。

高原上的明珠碧塔海

　　普达措国家公园位于"三江并流"区域的腹地，而碧塔海是其中一片被群山与古树环抱的高原湖泊。在这里，森林与湖泊就好像一对相互帮助的伙伴，共同构成了一片发育完好的湿地生态系统。

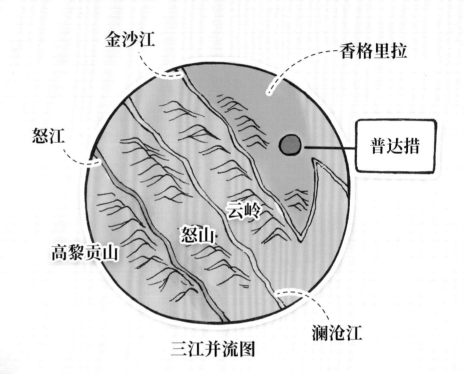

三江并流图

金沙江
香格里拉
怒江
普达措
云岭
怒山
高黎贡山
澜沧江

云南省的外形好像一只大孔雀呀！

哇！真的很像呢！这么说来，香格里拉就像孔雀的尾羽！普达措就是尾羽上美丽的"眼睛"！

小朋友的想象力还真是丰富……

森林之下

　　云冷杉林是普达措分布最广的森林，它们随着山势的变化绵延不绝，成为涵养湿地水源的主力。湿地之中，成片的野生菌欣欣向荣，它们从泥下破土而出，在森林里撑起了一把把可爱的小伞。

云芝

羊肚菌

牛肝菌

猴头菇

松茸

森林中的河流湿地

森林中的沼泽湿地

湖泊之上

　　普达措位于候鸟的迁徙路线上，这里优质的湿地生态系统，令很多水生植物长势良好，为黑颈鹤等高原鸟类提供了天然舒适的越冬栖息地。

黑颈鹤

梅花藻群落

杉叶藻群落

一方水土一方人

俗语有言，一方水土养一方人，在"三江并流"穿行而过的土地上，山岭、河谷、盆地、草原在这里相得益彰，而生活在这里的各族人民，也依靠着勤劳智慧，以独具民族特色的生活方式，在这片生境多样的山水之间繁衍生息。

适应自然的生活方式

"三江并流"流经的大部分区域都属于横断山脉的范围，这里有些地方沟壑纵横、地形崎岖，原本不适合居住与农作。但生活在这里的纳西族、彝族等民族，因地制宜，建立了一套适应地理环境的梯田农耕方式。

山有多高，水有多高，梯田就有多高。这些梯田将原本贫瘠的土地变成了富饶的粮仓

这里的人们崇敬自然、了解自然，创造出了针对不同自然环境，种植不同农作物的合理耕种方式

青稞

小麦　玉米
红薯　土豆

水稻　甘蔗

高海拔　中海拔　河谷

怒江流域群山陡峭，居住在这里的傈僳族、怒族等民族就用很多木头柱子将房屋支撑在斜坡上，远远看过去就像房子长了很多"脚"，所以这种建筑被称为千脚落地房。

藏族碉楼原本是古时候人们用石头建造的具有军事防御功能的建筑，现在已经演变为一种功能性非常强的民居。顶层可纳凉、瞭望；三层堆放粮食、家具等；二层用于居住、会客；一层圈养牲畜、堆放柴草等。

水磨坊是普米族、怒族等民族，利用峡谷水流的自然优势所创造的一种用于粮食加工的建筑。水流不停流淌，驱动水磨坊下层的轮盘，轮盘又连接着水磨坊上层的石磨，从而带动石磨转动，碾碎粮食。

亲近自然的高原风俗

香格里拉分布着很多天然草场，居住在这里的藏族人从小就会骑马、牧马。为了表达对马的喜爱，他们每年都会在农历的五月初五，举办一场为期三天的赛马节。

农历五月初五是中国很多地方庆祝端午节的日子，而在香格里拉，藏族人会在这一天相聚到五凤山下，搭起帐篷，备好糌粑、酥油茶、青稞酒等，一边喝茶品酒，一边为赛马健儿们加油助威，共同欢庆热闹的赛马节。

糌粑盒是盛放糌粑的器具，外形像圆塔，是香格里拉传统的民间工艺品

酥油茶

zān ba
糌粑

青稞酒

赛马节期间，人们常常围成圆圈，即兴踏歌，跳起独具民族风情的弦子舞。

弦子，是弦子舞的主要演奏乐器

马上叠罗汉

马上拾哈达

马背倒立

那当然喽！爱马也许是藏族人的"天性"，除了赛马节，他们放牧、远行、婚嫁时都会骑上自己心爱的马儿。马儿是藏族人亲密的伙伴，是他们生活中不可缺少的一部分。

真精彩！我也跃跃欲试了！

赛马节竞技项目众多，有马术、射箭、射弩，等等。人们在飞奔的骏马上表演着各种高难度动作，酣畅淋漓地展示着高原民族对马儿的热爱。

藏族人真的很喜欢马呀！

51

森林塔吊

森林中怎么会出现用于建造高楼的塔吊？别担心！这个有着长长臂展的大个子，其实是科学家监测林冠生物多样性的好帮手！它能调节高度，也能用"手臂"在林间精准投放科研仪器，令科学研究离开地面，来到范围更广阔的森林上空

黑麂

国家一级重点保护野生动物，中国特有种类。钱江源是黑麂在全国范围内的集中分布区

观星平台

黄臀鹎

小型鸣禽，鸣声清脆洪亮

苏 庄 片 区

云豹

一种高度树栖的猫科动物。虽然名字为豹，但它并不属于豹属，而是独立的云豹属。钱江源地区是云豹的历史分布区

绿翅短脚鹎 bēi

中型鸣禽

古村落

凌云寺

位于古田山下，始建于北宋初期，曾毁于一场大火，后被重建。在当地传说中，凌云寺的名字是明太祖朱元璋所赐。朱元璋曾与军师刘伯温前往古田附近查看地形，见一座小庙香火旺盛，便也前来祭拜，谁知竟然抽中了一个"胸怀大志命不凡"的上上签。朱元璋心里十分高兴，于是为这座庙赐名"凌云寺"，表达凌云之志

吴越古樟

相传树龄已有千年，素有"浙江树王"的美誉

长 虹 片 区

星头啄木鸟

一种体形较小的啄木鸟

红嘴相思鸟

小型鸣禽，羽色艳丽，鸣声婉转动听

钱江源国家公园

钱江源国家公园位于浙江省开化县西北部，总面积约252平方千米。这里的地理位置十分特殊，处于地球的北纬30°线上，这条纬线就像是地球的一条橙黄色"腰带"，大部分区域都被荒漠或其他恶劣环境所覆盖，而钱江源至今仍然保有一片发育完好的亚热带常绿阔叶林，堪称这条荒凉纬线上的一个绿色奇迹。

仙八色鸫（dōng）

一种外形华丽的小鸟，全身共有8种颜色。每年春天，它们会从东南亚的越冬地加里曼丹岛起飞，来到中国东南等地繁育后代

赤腹鹰

小型猛禽，因外形像鸽子，也叫鸽子鹰

香果树

国家二级重点保护野生植物，在中国亚热带地区有零散分布。香果树的名字虽然听起来很好吃，但它的果实并不能食用

白鹇（xián）

雄鸟的羽毛拥有十分华丽的黑白色云纹，所以即使它们的叫声喑哑，类似鸭子，在古时候也是一种非常名贵的观赏鸟

钱江源头碑

南方红豆杉

国家一级重点保护野生植物

中华穿山甲

国家一级重点保护野生动物。穿山甲从头至尾都披覆着瓦状角质鳞，四肢粗短，前足趾爪强壮，便于挖土打洞。平时走路掌背着地，受惊时会蜷成球状

白颈长尾雉

中国特有鸟类

大绿臭蛙

遭遇危险时，大绿臭蛙会分泌出一种带有蒜味的黏液驱赶敌人

莲花溪

齐溪片区

亚洲黑熊

钱江源国家公园目前监测到的体形最大的肉食兽类

何田片区

林雕

中型猛禽

鹅掌楸（qiū）

叶子形状独特，像鹅掌，因此得名。又因凸出的四个角，形似马褂，也被称为马褂木

青钱柳

第四纪冰期遗留下来的物种，果实外形独特，成串悬挂在枝头，像一串古铜钱

与自然共生的智慧

　　钱江源是浙江省的母亲河——钱塘江的源头，源头之水一路绵延，孕育了整片流域的山川草木、鸟兽虫鱼，也滋养着世世代代靠水而居的人。人们在这里认识自然、依靠自然、理解自然，形成了与自然和谐共生，合理利用自然资源的观念。

古村落里的智慧

钱江源山峦众多，水系密布，平坦的地形并不多见，但生活在这里的人们能巧妙地利用有限的地形和空间，依山势开发梯田、茶园，在溪流两侧建造房屋，方便引取山泉作为日常用水或灌溉劳作。

梯田与茶园

竹笕引水

在家门口开辟小菜园

山泉厨房

　　人们把竹子中间掏空，做成竹笕（jiàn，引水的长竹管），一节节相连，将溪水引到家中，很像简易版的自来水管，这样就不用辛苦跑去溪边打水啦！

活水养鱼

　　人们根据水的流向，在自家的鱼池内开凿出进水口和出水口，让溪水通过鱼池再自然流走，活水不断，为鱼儿提供了天然的生长环境。

在鱼池上搭竹棚能帮鱼儿遮挡太阳，竹棚上还可以种植藤类蔬果，一举两得

苔花如米小 也学牡丹开

如果将钱江源比作一幅生机盎然的风景画作，那么大面积连续分布的亚热带常绿阔叶林，一定是画作中最出彩的高光部分，而那些与密林共生，向漫山遍野泼洒着点点绿意的其他自然植物，无疑是整幅画作中不可或缺的宏大背景。这些隐藏在密林之下的小小身影，虽然外表看起来平平无奇，却是钱江源生物多样性的重要组成部分，为保持钱江源自然生态系统的原真性和完整性，作出了巨大贡献。

不爱晒太阳的蕨类

蕨类植物早在志留纪晚期就出现了，比恐龙的出现都要早了很多很多！它们不太喜欢晒太阳，适应了光照少、土壤空气潮湿、温度变化较小的林下阴生环境。现在，蕨类植物广泛分布在世界各地，有些种类能作为土壤的指示植物，有些可以入药，有些外观比较讨喜，还被人们用作观赏。蕨类植物的起源虽然古老，但却与我们的现代生活息息相关。

这个我知道！因为它们属于阴生植物！

没错，阴生植物指的就是，在弱光条件下比在强光条件下生长更良好的植物。

原来不爱晒太阳的植物也可以这么富有生机呀。

叶片螺旋状生长，有效减少遮挡，最大效率吸收阳光

钱江源国家公园中的蕨类"小矮人"——蛇足石杉

喜欢温暖潮湿的生长环境

金毛狗蕨

卷柏

鸟巢蕨

铁线蕨

苔藓有减缓地表径流、涵养水源、防止水土流失等重要生态功能

大片丛生、垫状分布的像海绵一样的苔藓

为荒野着装的苔藓

在钱江源国家公园的溪流生境周围，我们还可以找到一种古老的植物——苔藓，它们常常紧密、成片地附生在岩石上，能有效地聚积水分，吸纳浮尘。苔藓还是一种非常"乐于助人"的植物！它们能够与地衣一起，促进岩石的风化，久而久之，这些岩石就会变成适宜其他植物生长的土壤！

万年藓

浮苔

鳞叶疣鳞苔

南山国家公园

南山国家公园总面积约1315平方千米，涉及中国丹霞世界自然遗产地——崀山、金童山国家级自然保护区等14个自然保护地，是中国大地构造上第二阶梯与第三阶梯的分界线，也是中国动植物南北、东西交汇的一个十字路口，具有十分重要的保护价值。

穗花杉
国家二级重点保护野生植物

华南五针松
国家二级重点保护野生植物

白颈长尾雉
中国特有鸟类

黄腹角雉
黄腹角雉通常在树上筑巢产卵，筑巢前，它们会衔来松针、枯叶、苔藓等，在树干之间编制成皿状巢

黄胸鹀
国家一级重点保护野生动物，俗称禾花雀，曾在世界范围内数量繁多，但由于这种鸟类肉质鲜美，以及雄鸟叫声十分动听，所以被大量捕杀食用或捕捉饲养，导致数量急剧下降

长苞铁杉
中国特有种类

中华秋沙鸭
南山国家公园每年的春秋两季，会迎来大量的迁徙候鸟，其中就包括对水质环境要求极高的国家一级重点保护野生动物中华秋沙鸭

幼穿山甲习惯趴在母亲尾巴上，寻求庇护

中华穿山甲
穿山甲没有牙齿，吃东西时会把小沙砾一起吞到胃里，帮助消化

资源冷杉
中国特有树种，第四纪冰期遗留下来的"植物活化石"，孑遗植物之一，对研究中国气候变迁、第四纪冰川时期植物区系等有重要意义

黑熊
体毛长而黑亮，下颏白色，胸部具有一块白色或黄白色月牙形斑纹

黄桑国家级自然保护区

南山国家公园体制试点

篦子三尖杉
孑遗植物，叶形及其排列极为特殊，与同属其他种类有明显区别

林麝
雄性、雌性都无角。雄麝的上犬齿发达，露出口外，呈獠牙状，颈部两侧各有一条延伸到腋下的明显白色带纹

南方红豆杉
国家一级重点保护野生植物

小灵猫
体形小于大灵猫，身体基色灰黄或浅棕，体斑黑褐色

56

中国丹霞世界自然遗产地崀山

杪椤

杪椤科植物是一个较古老的类群，中生代曾在地球上广泛分布，国家二级重点保护野生植物

独花兰

中国特有的单种属植物，数量稀少

舜皇岩

舜皇山位于越城岭山脉的腹地。传说，上古五帝之一的舜，南巡时曾在这里小住。舜皇岩是舜皇山中一处别有洞天的岩溶地貌洞穴，洞中发育着千姿百态的钟乳石、石柱、石笋等，美轮美奂，瑰丽无比

鲸鱼闹海

丹霞地貌形成的奇峰异石在云海间"浮沉"，形似群鲸在大海中嬉戏

浙江金线兰

国家二级重点保护野生植物

东安舜皇山国家级自然保护区

女英织锦瀑

女英织锦瀑宽约20米，高约80米，是舜皇山中最大、最壮观的瀑布

天一巷

丹霞地貌造就的"一线天"，全长238.8米，两侧石壁高120～180米，最宽处0.8米，最窄处0.33米

八角莲

叶片为八角星形，深红色的花从叶片下的茎上伸出，向下生长，十分别致

女英织锦瀑

华南猕猴桃

叶长条形，果实和我们平时吃的像小拳头一样大的中华猕猴桃相比小很多

大灵猫

身体基色棕灰，体斑黑褐色

长穗桑

长穗桑的果实就是桑葚，与我们日常吃的桑葚相比，它的果实要更瘦、更长一些，约10～16厘米

伯乐树

南山、舜皇山均有分布

豹猫

国家二级重点保护野生动物，体形大小与家猫相似，但性情凶猛，主要捕食鸟类，也捕食蛙、蛇等

新宁舜皇山国家级自然保护区

大黄花虾脊兰

国家一级重点保护野生植物，国内仅在湖南新宁、台湾北部有极少数的野外种群分布

57

悠然见苗乡

南山国家公园位于湖南省邵阳市城步县、绥宁县、新宁县和永州市的东安县。这些地方自然资源丰富，是苗族、瑶族、侗族等多民族聚居的家园，至今仍保留着原始、淳朴的民俗文化。

舌尖上的糯米

当地的瑶族人喜欢吃糯米，他们很早开始就在城步西南方的古田种植旱糯谷和红米稻了。明清时期，相传古田的粮食产量每年可达十万石（dàn，古代计量单位），因此这里被称为"十万古田"。

十万古田的苔藓植被

清朝时，古田曾经历了一次蝗灾，当地人举家逃亡，古田也就此荒芜，但福祸相依，没有了人类活动的古田后来成了苔藓植被的天然沃土。

五彩糍粑

人们把天然的植物染料混进糯米中捶打，做成五彩糍粑。据说，人们吃五彩糍粑的习俗，源于女娲用"五彩石"补天的传说

酒粑

把糍粑拌上葱花、姜末，然后浇上红豆汤

打糍粑

每年的农历九月二十七，是瑶族举办酒粑节的日子。这一天，离家的游子不管多远都会赶回来和家人团聚，吃上一碗香香糯糯的酒粑。

这是什么黑暗料理……

好好喝！我要再来一碗！

这里有句俗语"一碗强盗二碗贼，三碗四碗才是客"，你要喝三碗以上才能品尝出它真正的味道！

油茶

油茶味道独特，甜、咸、苦、辣样样俱全，喝不惯的外乡人或许一口也咽不下，但具有提神、驱寒功效的油茶却是当地人的最爱。

歌声唱南山

"苗侗窝，百鸟多，喝了油茶就唱歌"。城步苗乡的各族人自古以来就爱唱山歌，不论劳作还是休息，节庆还是日常，只要高兴，他们都会放开歌喉，让整片南山回响起悠扬的小曲。

芦笙
苗、瑶、侗等民族喜爱、擅长的乐器，音色独特

木叶吹歌

古时候，人们会通过吹响木叶，向远方传递危险袭来的信号。如今，经过千年的演变，木叶吹歌已经发展成了一种音乐文化，吹歌人仅用一片小小的树叶，就能演奏出千变万化的声音

苗乡欢乐多

挤油尖是当地人流行的一种游戏活动，他们在长板凳中间画出分界线，分界线两侧的人互相挤靠，直到一方被挤出板凳，占领整条板凳的一方就赢了。春节时，有的寨子还会开展打泥脚的游戏，参与双方用黄泥团子互相打脚，在欢声笑语中，泥团在场地中穿梭，激烈又热闹。

挤油尖

挤油尖看似是一种人们相互较量与争夺的游戏，但淳朴的苗族人从中挤出的却是欢乐和友谊。

打泥脚

"打个千和万合，万合千和，打个五谷丰登，六畜兴旺，风调雨顺，国泰民安。"打泥脚在苗族人心中其实寓意非凡，他们认为输赢并不重要，反而裤脚上被打得泥团子越多，这个寨子来年就会更加兴旺。

乘风万里候鸟来

南山国家公园位于东亚—澳大利西亚候鸟迁徙路线上。每年秋季，大批南下的候鸟应时而起，乘风而飞，来到这里越冬、休憩；而到了春季，这里又会迎来上千万只北上的候鸟。这种一条通道迎来两季迁徙的鸟的地点，在全国并不多见。

候鸟大都集结成群进行迁徙，在高空飞行时，还会不断变换队形，"人"字、"一"字等队形能有效利用气流辅助鸟儿们飞行，减少体力消耗。

什么是候鸟

根据鸟类迁徙活动的特点，可以把它们分为候鸟和留鸟。留鸟一般终年留在出生地；而候鸟则会在每年春、秋两季，沿着固定的路线，往返于繁殖地与越冬地。

chéng yù
斑尾塍鹬

2007年，科学家发现、记录了一只连续飞行14天的斑尾塍鹬，这是目前人类已知的"最能飞"的候鸟了

候鸟为什么要迁徙

引起鸟类迁徙的原因十分复杂，至今也没有肯定的结论。大多数鸟类学家认为，以昆虫作为主要食物来源的鸟类，在冬季到来时会面临食物短缺，于是，它们便会集体飞往温暖而食物充足的地方。也有人从地球的历史中探寻鸟类迁徙的起源问题，远古时期的冰川运动，会令一些地方逐渐被冰川覆盖，鸟类就会被冰川"驱赶"，向着温暖的地方迁徙，而这种习惯也因为生物遗传的本能被鸟儿们"记住"，一直延续至今。

候鸟的"导航技能"

候鸟身上的谜团多之又多，除了有关迁徙的谜团之外，鸟儿们在长途飞行过程中如何做到不迷路，也成了鸟类学家不断探究的问题。有人推测，鸟儿们或许能够依靠日月星辰确定飞行方向，也有人推测地形、景观、磁场等都能对候鸟的"导航"产生影响。

tí hú
卷羽鹈鹕

鹈鹕类下嘴的喉囊可以伸缩，能用来兜捕和暂时储存小鱼等食物

bǎo
大鸨

匈牙利的国鸟

金雕

候鸟的飞行高度

高度	
10000米	
9000米	斑头雁
8000米	珠穆朗玛峰（8848.86米）
7500米	
6000米	海鸟和水鸟　白头鹰、秃鹰和鹰　祁连山（5547米）
4500米	鸭类和鹅类
	大多数迁徙的鸟类
3000米	神农顶（3105米）
	大多数鸣禽
1500米	泰山（1545米）
1200米	知更鸟
900米	乌鸦
600米	雁
300米	燕
海平面	

通常高度 ↑　因天气和山脉等原因达到的特殊高度 →

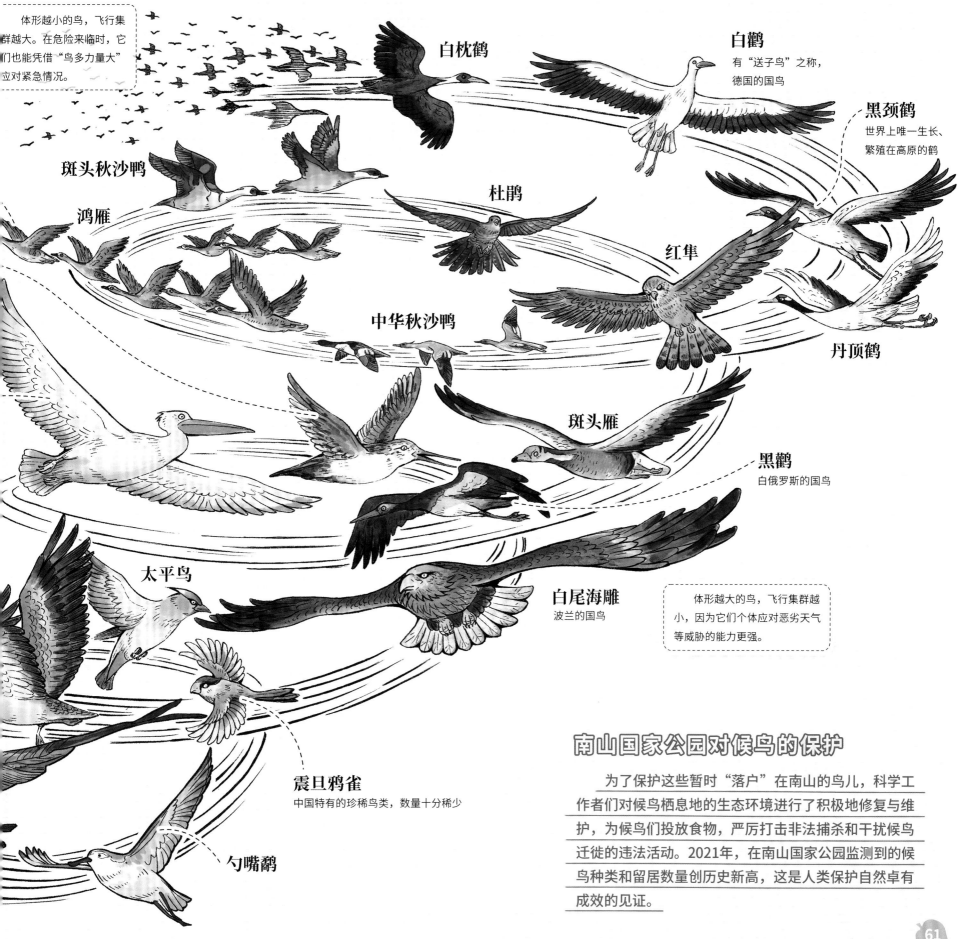

体形越小的鸟，飞行集群越大。在危险来临时，它们也能凭借"鸟多力量大"应对紧急情况。

白枕鹤

白鹳
有"送子鸟"之称，德国的国鸟

黑颈鹤
世界上唯一生长、繁殖在高原的鹤

斑头秋沙鸭

鸿雁

杜鹃

红隼

中华秋沙鸭

丹顶鹤

斑头雁

黑鹳
白俄罗斯的国鸟

太平鸟

白尾海雕
波兰的国鸟

体形越大的鸟，飞行集群越小，因为它们个体应对恶劣天气等威胁的能力更强。

震旦鸦雀
中国特有的珍稀鸟类，数量十分稀少

勺嘴鹬

南山国家公园对候鸟的保护

为了保护这些暂时"落户"在南山的鸟儿，科学工作者们对候鸟栖息地的生态环境进行了积极地修复与维护，为候鸟们投放食物，严厉打击非法捕杀和干扰候鸟迁徙的违法活动。2021年，在南山国家公园监测到的候鸟种类和留居数量创历史新高，这是人类保护自然卓有成效的见证。

生态保护
刻不容缓

人类活动对生态环境造成的破坏究竟有多大?

原本润泽森林的雨水，因为变酸了一点，就让整片森林掉光了树叶。

有的湖泊远远看上去是一片"健康"的翠绿，生活在这里的鱼儿在水里却不能呼吸。

广阔的天空被烟雾笼罩，鸟儿对天空望而却步。

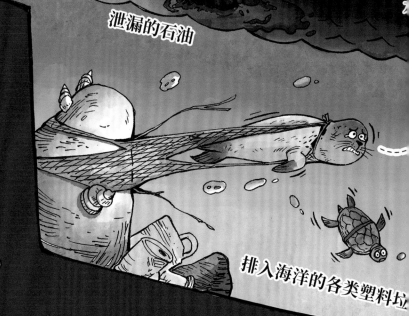

嘿嘿，让你见识一下我的厉害!

工厂排放的废气中含有大量的有害物质，这些气体有的被生物吸入，导致生病或死亡，有的与大气中其他物质结合，产生更可怕的后果

工业废气

汽车尾气

妈妈，我肚子饿……

翅膀好重，飞不起来了……

泄漏的石油

排入海洋的各类塑料垃

中国国家公园的保护伞

为了系统地保护自然生态系统和自然文化遗产的原真性、完整性，中国国家公园的管理者与科研人员对保护区进行了科学的规划，明确功能分区、功能定位和管理目标，为中国国家公园撑起了一把强大的"保护伞"。以三江源国家公园为例，让我们来看一看这把"保护伞"究竟是怎样构成的吧。

三江源国家公园的保护伞

科学研究

研究人员
- 地质学家
- 地理学家
- 气候学家
- 水文学家
- 生物学家
- 社会学家
- 文化学家
- 人类学家
- 考古学家

研究方式
- 依据体制机制方向
- 生态保护关键技术
- 科研信息化
- 生态机理和生态监测

了解保护区
- 地质地貌
- 水资源
- 生态系统
- 生物多样性
- 民俗文化

- 气象
- 水文
- 地质地貌
- 土地利用
- 人类活动
- 植物的数量和分布

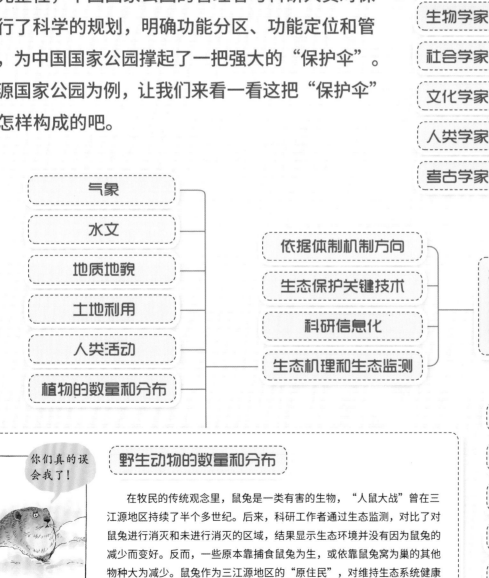

你们真的误会我了！

野生动物的数量和分布

在牧民的传统观念里，鼠兔是一类有害的生物，"人鼠大战"曾在三江源地区持续了半个多世纪。后来，科研工作者通过生态监测，对比了对鼠兔进行消灭和未进行消灭的区域，结果显示生态环境并没有因为鼠兔的减少而变好。反而，一些原本靠捕食鼠兔为生，或依靠鼠兔窝为巢的其他物种大为减少。鼠兔作为三江源地区的"原住民"，对维持生态系统健康和生物多样性实则作用巨大。

人为保护

- 科研人员进行科学研究
- 人人都是环境保护者

国家公园管理局的日常保护

三江源有不少超级"奶爸"，他们有的没有结婚，却已经有了十多个"娃"。他们的"娃娃"也不一般，个个都是国家级保护动物，比如藏羚羊宝宝。那这些"娃"是怎么来的呢？可可西里野生动物救护中心经常会接收由于各种原因与妈妈走散的藏羚羊宝宝，这时，救助中心的"奶爸"就会身兼重任，将它们悉心抚养长大，最后放归自然。

保护生态健康不只是那些"英雄保护者"的责任，我们每一个人也能从身边一点一滴的环保小事做起，为中国的生态保护工作贡献自己的一份力量。

 不使用一次性餐具
 不乱扔垃圾
 垃圾分类处理
 不使用不可降解的塑料制品
 拒绝购买野生动物制品
 节约用水、用电、用纸等
 不践踏草坪、不采摘野生植物
绿色低碳出行

空间布局

核心保护区（禁止、限制人类活动）

- 保护
  - 雪山冰川
  - 江源河流
  - 湖泊
  - 湿地
  - 草原草甸
  - 森林灌丛
- 提高
  - 水源涵养
  - 生物多样性
  - 水土保持

传统利用区（当地居民传统生活、生产空间）

- 承接核心保育区入口
- 产业转移地带
- 区外缓冲地带

生态保育修复区（对重度退化草地的修复与治理）

- 退化草地和沙化土地治理
- 水土流失防治
- 自然封育

保护藏羚羊第一人

在历史记录中，藏羚羊的数量曾达到百万只之多，然而，在由藏羚羊的绒毛编织的"沙图什"成为世界顶级奢侈品后，藏羚羊便一度遭到偷猎者无情的猎杀，濒临灭绝。1992年，一个叫杰桑·索南达杰的人挺身而出，为了保护这些高原上的精灵，他创立了中国第一支武装反盗猎队伍。

1994年1月18日，索南达杰在与偷猎者的搏斗中壮烈牺牲。后来，人们在可可西里建立起了第一个以保护藏羚羊为主的野生动物保护站，为了纪念索南达杰，人们便将这座保护站命名为"索南达杰保护站"。

阿朵朵的自然花草手账

分享祖国的生态之美！

中国国家公园之旅结束了，阿朵朵和灿烂又度过了一个意义非凡的假期！他们不仅收获了丰富有趣的自然生态知识，对我们祖国的山川草木又多了一分了解，阿朵朵还在自己的旅行笔记中记录、绘制了来自各个国家公园的奇花异草。

祁连山国家公园
列当

xié
小缬草
三江源国家公园

祁连山国家公园
shòu
绶草

三江源国家公园
大果圆柏

三江源国家公园
垫状点地梅

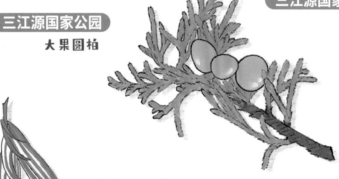

大熊猫国家公园
穗花杉

大熊猫国家公园
星叶草

东北虎豹国家公园
duàn
紫椴

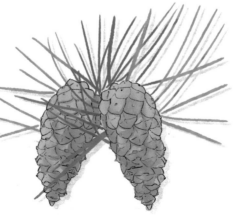

东北虎豹国家公园
长白松

钱江源国家公园
香果树

钱江源国家公园
浙江红山茶

钱江源国家公园
甜槠

普达措国家公园
羊肚菌

海南热带雨林国家公园
伯乐树

钱江源国家公园
长序榆

普达措国家公园
桃儿七

南山国家公园
半枫荷

神农架国家公园
水晶兰

武夷山国家公园
观光木

神农架国家公园
独花兰

南山国家公园
睡莲

神农架国家公园
珙桐

67

南山国家公园

资源冷杉

南山国家公园

银钟花

三江源国家公园

jiāo

达乌里秦艽

三江源国家公园

黑蕊虎耳草

东北虎豹国家公园

东北红豆杉

是天然珍稀抗癌植物，在地球上已
有250万年的历史

东北虎豹国家公园

红松

是世界上最耐火的树

三江源国家公园

岩生忍冬

东北虎豹国家公园

白桦

东北虎豹国家公园

荚果蕨

普达措国家公园

阿墩子龙胆

武夷山国家公园

绯红湿伞

武夷山国家公园

獐牙菜

大熊猫国家公园

高山绣线菊

海南热带雨林国家公园

坡垒

武夷山国家公园

灯笼树

钱江源国家公园

长柄双花木

大熊猫国家公园

金露梅

海南热带雨林国家公园

土沉香

祁连山国家公园

狼毒

祁连山国家公园

甘肃雪灵芝

雪灵芝矮小的身材能帮助它在
高原抵御寒风

神农架国家公园

sháo
扇脉杓兰

神农架国家公园

领春木

亚洲象

震旦鸦雀

驼鹿

扬子鳄

生态术语概览

中国国家公园

指以保护具有国家代表性的自然生态系统为主要目的，实现自然资源科学保护和合理利用的特定陆域或海域，是我国自然生态系统中最重要、自然景观最独特、自然遗产最精华、生物多样性最富集的部分，保护范围大，生态过程完整，具有全球价值、国家象征，国民认同度高。

孑遗生物

指某些在地质年代中曾繁盛一时，广泛分布，而现在只限于局部地区，数量不多，有可能灭绝的生物。如大熊猫和水杉。

迁徙

某些鸟类、无脊椎动物（东亚飞蝗等）、鱼类、爬行类（海龟等）、哺乳类（蝙蝠、鲸、海豹、鹿等）的季节性的长距离更换住处的现象。其中，鸟类的迁徙是最普遍和引人注目的。鸟类的迁徙是对改变着的环境条件的一种积极的适应本能，是每年在繁殖区与越冬区之间的周期性的迁居行为。这种迁飞的特点是定期、定向而且多集成大群。

食 物 链

生态系统中不同物种之间最主要的联系是食物联系。通过食物而直接或间接地把生态系统中各种生物联结成一个整体，这种食物联系称为食物链。

中华凤头燕鸥

倭蜂猴

生态系统

生物群落与其所生活的环境之间，通过物质循环和能量流动所构成的互相依赖的自然综合体。生态系统所涉及的范围可大可小，小至一个池塘、一片森林，大至整个地球。

生态环境

生物和影响生物生存与发展的一切外界条件的总和。由许多生态因素综合而成，其中非生物因素有光、温度、水分、大气、土壤和无机盐类等，生物因素有植物、动物、微生物等。在自然界，生态因素相互联系，相互影响，共同对生物发生作用。

生态危机

由于人类盲目和过度的生产、生活等活动，致使生态系统的结构和功能遭到严重破坏，从而威胁人类生存和发展的现象。主要表现为人口激增、资源极度消耗、环境污染等。解决生态危机的根本途径是协调人与自然的关系，达到可持续发展。

栖息地

具有动物能维持其生存所必需的全部条件的地区，例如海洋、河流、森林、草原、荒漠等。任何一种动物的生活，都要受到栖息地内各种要素的制约。动物在其适宜环境以外的地区虽可暂时生存，但不能久居，更无法进行繁殖。

濒危等级

出于保护目的，IUCN（世界自然保护联盟）为了能确认稀有和濒危物种所处的状况而提出了一个量化分类法，这个分类方法是依据物种的灭绝概率而提出的，包括三个级别。

极危物种：10年之间或3个世代之内物种灭绝的概率为50%或大于50%；

濒危物种：20年之内或5个世代之内物种灭绝的概率为20%；

易危物种：100年之内物种灭绝的概率为10%或大于10%。

中华鲟

中国小鲵

图书在版编目（CIP）数据

中国国家公园：中国给世界的礼物 / 洋洋兔编绘
. -- 北京：科学普及出版社，2022.10
ISBN 978-7-110-10429-3

Ⅰ.①中… Ⅱ.①洋… Ⅲ.①国家公园—中国—少儿
读物 Ⅳ.① S759.992-49

中国版本图书馆 CIP 数据核字 (2022) 第 040335 号

作　　者　洋洋兔
策　　划　秦德继
责任编辑　邓　文
图书装帧　洋洋兔
责任校对　张晓莉
责任印制　李晓霖

出　　版　科学普及出版社
发　　行　中国科学技术出版社有限公司发行部
地　　址　北京市海淀区中关村南大街 16 号
邮　　编　100081
发行电话　010-62173865
传　　真　010-62173081
网　　址　http://www.cspbooks.com.cn

开　　本　889mm×1194mm　1/12
字　　数　210 千字
印　　张　8
版　　次　2022 年 10 月第 1 版
印　　次　2022 年 10 月第 1 次印刷
印　　刷　河北朗祥印刷有限公司
书　　号　ISBN 978-7-110-10429-3/S·577
定　　价　118.00 元